마을공동사업의 이해와

갈등관리

김용근 지음

도서출판 해남

이 저서는 2010년도 서울시립대학교 연구년교수 연구비에 의하여 연구되었음

책을 펴내며

지금부터 10여 년 전 일이다. 연구실 대학원생들과 1박 2일로 자체 세미나를 위해 한 체험마을을 방문하였었다. 폐교를 생태교육장으로 개원하는 기념일이라 기분이 좋아야 하는 날인데도 지도자의 표정이 밝지 않았다. 느낌이 이상해서 무슨 일이냐고 물었더니 시원한 답을 하지 않았다. 워낙 친한 사이라 싸웠냐고 물었더니 "싸움은 무슨 싸움이에요, 그냥 조금 그렇다"라고 얼버무렸다. 마을체험사업 준비를 열심히 해 왔고, 본격적으로 사업을 시작하는 마당에 함께 고생하였던 지도자들 사이에 사소한 의견 차이가 생겼던 모양이었다. "뭘 그런 것 가지고 그러느냐. ○회장이 선배니까 모여서 이야기를 나누고 서로 오해를 풀었으면 좋겠다. 차라리 읍내 호프집에서 편하게 속마음을 털어 놓으면 되지 않겠느냐"라며 조언을 하였었다. 이것이 내가 현장에서 접하였던 첫 번째 갈등 사례였다.

다른 마을에서도 이장을 만나 마을의 고민을 이야기할 때마다 "주민들을 이해하고, 참아라," "처음 시작이니까 그렇지 시간이 지나면 좋아질 것이다"라는 격려 외의 다른 방법이 없었다. 시간이 지나갈수록 상황은 더욱 더 심각해지고 결국 지도자는 이장직을 사임하였다. 그리고 마을공동사업과 별개로 개인체험사업을 시작하였다. 우리나라 마을공동사업 중에서 가장 심각한 갈등상황을 경험하였고, 가슴은 아프지만 별다른 해법을 제시하지 못하였다. 사실 마을공동사업에서의 갈등에 대해 서로 잘 알지도 못하였었다.

그 후 방문하였던 대부분의 마을에서 지도자들과 주민들의 고충을 듣게 되었고, 이제 마을의 갈등은 아주 보편적으로 직면하고 있는 고민거리로 등장하고 있다. 거의 모든 마을에서 공통적으로, 그리고 반복적으로 똑같은 갈등을 겪고 있다. 뚜렷한 해법도 없고 그저 “왜 이런 일들이 우리 마을에서 일어나는 것일까?”라며 고민만 하고 있는 상황이다.

마을공동사업상의 갈등문제를 공개적으로 논의하고 특강을 하고 다니는 나를 이상하게 보는 사람들이 있었다. 마을 주민이나 지도자, 그리고 관련 공무원들까지 지원사업에 대해 부정적인 사람으로 평가하기도 하였다고 한다. 내 앞에서는 그렇지 않았지만 강의가 끝난 후에 혹독한 평을 한 사람도 있었다는 이야기도 들었다. 초창기 새로운 사업을 홍보하고 보급해야 할 상황에서 격려는 못해 줄망정 주민들끼리 싸우는, 아니 싸울 것이라는 이야기를 하고 다니니 함께 하기가 거북스러웠을 것이다. 옛날이야기 같지만 그리 오래 된 일이 아니다.

현장에서 보고 들었던 고충을 고민하는 시간이 많아지면서 농민들과 함께 나누었던 내용과 틈틈이 생각하였던 갈등관리 방안을 공개적으로 특강하기 시작하였다. (사)전국농업기술자협회와 농협중앙회의 농촌사랑연수원, 그리고 농업연수원에서의 특강 기회를 통해 마을공동사업에서의 갈등에 관한 생각을 발전시킬 수 있었다. 교육을 받은 농민들의 수강열기와 수강 후 전해 들은 강의평가를 듣고 자신감을 얻었다. 농촌마을 곳곳에서 하게 된 주민교육을 통해 마을공동사업상 발생하는 갈등은 필연적인 현상이라 부끄러운 일이 아니고, 피할 수 있는 문제도 아니라는 것을 알게 되었다. 갈등이 피할 수 없는 현상이라면 당당하게 부딪히며 해소하는 적극적인 대응자세가 필요하다는 것을 알게 되었다. 그리고 마을공동사업이 성공할수록 더 복잡하고 어려운 갈등이 생겨나고, 그때마다 새로운 방법으로 대처해 나가야 하는 극히 보편적인 현상이라는 것도 알게 되었다.

1983년 대학원 학생시절 교환교수로 온 미국 버클리대학교의 리처드 마이어 교수의 영향을 받아 쓰게 된 석사논문이 농촌체험 관련 논문의 효시가 되었다. 어렸을 때 산과 들판을 뛰어 다니며 놀았던 시절이 좋았고, 어머니 손을 잡고 찾았던 외갓집과 외할머니를 그리워하면서 정리하였던 것이 논문이었다. 당시에는 자녀들이랑 함께 즐길 수 있는 미래의 가족여가활동 정도로 생각하였는데, 지금과 같이 성장할 줄은 몰랐다. 학교 소풍객과 수학여행객이 농촌마을을 방문하게 되고, 매년 수천 명에서 수만 명, 그리고 수십만 명의 체험객들이 개인농장이나 농촌마을을 방문할 정도로 발전하였다.

도시민들의 농촌과 농업에 대한 관심은 일시적인 유행이 아니라 우리 국민의 농촌에 대한 인식이 변하고 있다는 것을 의미하고, 농업과 농촌마을이 새로운 여가문화의 자원으로 그 가치를 재인식되고 있다는 것으로 해석된다. 후기산업사회에서 여가의 의미는 언제, 무슨 활동을 하느냐에 달려 있기보다는 개인의 여가욕구를 만족시키려는 자유로운 활동에 의해 결정된다는 이론을 현상학적으로 보여 주는 것일 뿐이다. 농촌마을, 즉 농촌, 어촌, 산촌의 자원적인 가치가 새롭게 인식되고, 농촌과 농업 자체가 새로운 사업적인 가능성을 가지고 있다는 뜻이기도 하다.

마을공동사업은 쉬운 일이 아니다. 사업내용을 잘 알아야 하고, 사업이 성공할 것이라는 확신도 있어야 한다. 사업의 주체인 농민들은 부족한 부분이 있으면 배워야 하고, 미숙한 기술이 있으면 훈련을 받아야 한다. 일반회사가 사업을 시작하면서 정관을 통해 투자자들의 의견을 종합하고 서로 지켜야 할 규칙과 회사운영 방침의 기본 틀을 정해 놓듯이, 마을공동사업도 준비해야 할 일들이 수없이 많다. 사업을 실패하지 않기 위해서 미리미리 준비하고 다짐해야 할 일들이 많다는 것이다. 아무리 준비를 많이 해도 생기는 것이 분쟁이고, 해결해야 할 것들이 갈등인데, 우리는 마을공동사업을 너무 쉽고 편하게 생각하는 경향이 있다.

마을공동사업상 발생하는 갈등을 보고 사업 자체를 부정적으로 평가하면 안 된다. 사업 자체의 문제가 아니라 철저히 준비하지 못한 것이 한계이다. 농촌의 사회적인 구조나 마을환경에 적합한 사업구조를 검토하지 못하였던 것이 실수다. 사업의 성과를 너무 급하게 얻으려는 조급증까지 더해져서 마을공동사업이 제대로 운영되기도 전에 실패라는 부정적인 평가를 내리려는 경향이 있다. 돈을 버는 수익사업을 너무 쉽고 단순하게 보는 경솔함 때문에 마을공동사업의 갈등문제는 해결되기보다 더 어렵게 꼬이고 있다.

농업의 가치가 새롭게 인식되고, 농촌마을은 도시민들이 편하게 찾을 수 있는 여가환경으로 각광을 받고 있다. 농촌체험활동이 활성화될수록 농산물의 직거래가 증가하게 되면 농업소득이 동시에 늘어나는 것은 당연한 일이다. 농외소득을 위해 시작하였던 체험사업이 농업소득보다 더 높아져서 본격적인 체험사업으로 전환한 농민도 있다. 결국 마을공동사업이 아무리 어려워도 함께 성공시켜야 할 새로운 농촌산업이라면, 어떤 갈등이라도 해소해 나가야 한다. 갈등 자체를 즐기는 자세를 가져야 하며, 갈등문제를 쉬쉬하면서 숨길 이유도 없고, 피할 이유도 없다. 마을사업이 잘 되는 곳에서 심한 갈등이 생기는 것은 그만큼 마을사업이 성공할 가능성이 있기 때문이라고 생각하면 된다.

책을 펴내면서 감사해야 할 사람이 많이 있다. 제일 먼저 우리 농민이고 농촌지도자들이다. 내가 쓴 글의 내용은 어려운 이론을 도입한 것도 아니고, 훌륭한 학자들의 논문을 인용한 것도 아니다. 짧막한 내 지식과 상식이 근간이 되었지만, 농촌현장에서 농민을 만나고, 지도자의 고충을 들으면서 느끼고 얻은 내용을 정리하고 발전시킨 결과다. 초창기에 설익은 강의를 열심히 들어 주었던 농민들과 현장에서 마음 속에 담고 있었던 속상한 이야기들을 시원하게 털어 놓던 지도자들이 있었기에 가능한 일이었다. 어려운 상황에서도 마을공동사업을 성공시키기 위해 현장에서 열심히 뛰고 있는 수많은 지도자들께 감사를 드린다.

인쇄물로 출간을 하기에는 이론적으로도 미흡하고 농민과 농촌을 이해하는 정도도 일천하기 짝이 없다. 하지만 갈등문제를 처음 접하였던 때를 생각하면서 책을 출판하는 것이 농촌마을을 위해 또 다른 시작을 준비하는 것이라는 자세로 정리하였다. 부족한 내용으로 인해 농촌주민이나 지도자, 그리고 관련되신 분들께 누가 되는 부분이 있다면 앞으로 더 열심히 노력하겠다는 다짐으로 대신하고 싶다.

2011년 4월 29일

김용근

차례

I.

농촌체험관광사업의 전망

1. 새로운 여가문화로서의 농촌체험관광
2. 농촌체험관광의 수요 급증

1. 새로운 여가문화로서의 농촌체험관광

1) 관광여가환경의 변화

21세기 현대인들은 다른 사람에게 보여 주는 과시형 관광여가활동보다는 자신의 여건에 적합하면서도 개인의 관광여가 만족도를 충족시킬 수 있는 개별적인 여가활동을 선호하고 있다. 기존 관광버스를 대절하여 대규모 관광객이 함께 움직이는 대중관광과는 달리 가족이나 친구 및 친지들과 오붓하게 움직이는 소규모 관광활동을 선호한다. 그리고 많은 사람들에게 알려진 유명한 관광지보다는 자신들에게 의미가 있으며, 자연이나 문화환경이 잘 보존된 휴양형 관광지를 즐겨 찾고 있다.

예를 들어, 여름 휴가철에 해수욕장을 찾는 경우 유명한 곳을 다녀오기 전에는 해수욕장을 다녀왔다는 자랑을 못하거나, 가을 단풍철 관광을 다녀온 경우 설악산이나 내장산 등이 아니고는 내세우기가 어색하였던 시절을 대중관광시대라 할 수 있다. 그런데 요즈음에는 해수욕장도 사람들이 많이 운집하는 유명한 곳보다는 모래사장이나 주변 환경, 그리고 편익시설의 수준이 떨어지는 곳이라도 조용하고 자신에게 의미가 있는 곳을 찾는 계획을 세우는 것이 바로 개별관광시대의 현상이라고 할 수 있다. 사회의 관심이 높거나 일반인들의 이목이 집중되어 유명세를 타는 곳으로 몰려다니기보다는 자신의 여가 만족도를 높일 수 있는 곳을 당당하게 찾아다니는 것이 요즈음 관광지 선택의 환경변화다.

초등학교 소풍의 경우에도 엄마가 준비해 준 맛있는 음식을 싸들고 놀 만한 곳을 찾아갔던 옛날과는 달리 농촌으로 가는 학교가 증가하고 있다. 이는 단순히 즐겁고 편하게 논다는 개념의 여가활동보다는 무엇인가 색다른 체험을 통해 농촌문화나 농업활동을 동시에 경험할 수 있는 다목적 여가활동이 바람직한 활동이라고 인식하고 있다는 것을 말해 준다. 특히, 대도시의 유치원이나 어린이집, 그리고 각종 학원생들의 스트레스를 풀어 주는 야외활동지 선정에서 농어산촌을 선택하는 경우가 많아지는 것을 통해서도 관광여가에 대한 인식이 바뀌고 있는 것을 알 수 있다. 그리고 관광여가활동을 선택하는 범위가 넓어지고 있다는 점을 쉽게 볼 수 있다.

그 동안 유명한 대규모 관광단지들은 예전 같지 않게 단체관광객들이 많이 찾아오지 않아 경영난을 겪고 있는 곳이 많다. 국립공원 내 집단시설지구를 비롯하여 수학여행지로 각광을 받았던 대규모 숙박시설이나 상가들은 관광환경 변화에 적응하지 못하고 새로운 돌파구를 찾기 위해 고심 중이다. 특히, 관광단지 주변의 거대한 콘도들은 소풍이나 수학여행객인 어린 학생들로 소란스러워 일반관광객들은 투숙을 회피하는 형편이었다.

겨울철 관광지로 각광을 받았던 온천 관광단지의 경우도 대부분 도심의 먹자골목과 같은 분위기를 연출하는 위락지로 개발된 결과, 단체관광객에 의해 활성화되었던 예전의 번창함을 찾아보기 힘들다. 천편일률적인 도시형 개발로 단지별 특색을 찾아볼 수 없을 뿐만 아니라 즐길 수 있는 활동은 온천목욕을 위한 온천탕과 숙박시설, 그리고 먹을거리 중심의 단조로움을 벗어나지 못하고 있다. 대규모 관광단지에 의존하였던 대중관광은 여가문화가 발달하지 못한 시절의 결과라고 할 수 있지만, 앞으로 맞이하게 될 개별관광시대에 쉽게 적응하지 못하고 있는 현실이 더 큰 문제다.

앞으로는 놀고먹고, 여러 곳을 한 번에 돌아다니는 여행형 관광활동보다는 가족이나 친구들을 중심으로 휴식을 취하며 에너지를 재충전하는 휴양형 관광여가활동이 더 확대될 전망이다. 그러므로 이를 수용하는 관광시설도 편익시설 위주의 대규모 단지보다는 개발의 손길이 미치지 않아 자연환경이 양호한 곳, 즉 소규모로 개별적인 취향을 수용할 수 있는 자연친화적인 형태가 바람직할 것이다. 그리고 화려하고 소비적인 도시의 위락형 편익시설보다는 자연 상태에서 편하게 쉴 수 있는 소박한 휴양시설들이 더 호감을 갖게 될 것이다.

2) 여가시간 증가에 적합한 농촌체험관광

주 5일근무제도와 격주 토요일 휴업제도, 일명 놀토제도의 확대로 여가활동의 여건이 많이 변하였다. 주 5일제 근무제도를 도입할 당시에 노동시간의 축소로 여가시간이 상대적으로 증가하여 여가활동이 활발하게 발생할 것으로 예측되었다. 각종 설문조사에 의하면 장거리 관광이나 숙박형 관광, 그리고 보다 활동적인 관광이나 여가활동과 관련된 여가산업이 발달할 것이라는 주장이 지배적이었다. 그러나 일반인들의 실제 관광여가활동의 경향은 예측된 방향으로 변화하는 것만은 아니었다.

주 5일근무제가 시행된 지 3년이 지난 후의 여가조사에 의하면 여가시간은 증가하였지만 여전히 TV시청이나 친지들과의 대화로 잡담하기 등 소극적인 활동이 지배적인 것으로 나타났다. 주 5일근무제가 도입되기 전에는 여행, 스포츠, 레저 등 야외형 여가활동이 주를 이루었으나, 실제로는 상위 10위권의 여가활동 중 10위로 산책이 선정되었다. 대부분의 여가활동이 실내 혹은 소극적인 내용으로 나타났다.

일반인들이 여가활동을 하는 데 가장 힘든 부분은 경제적인 부담으로,

소득이 증가하지 않는 여가시간의 증가는 설문조사에서 보였듯이 활발한 관광여가활동으로 연결되는 것은 아니다. 즉, 여가시간의 증가에 따라 여가활동의 욕구는 높아지나 현실에서는 경제적 부담 때문에 개인의 여건에 적합한 여가활동 수준을 벗어날 수 없다.

여가비용을 충분히 충당할 수 없는 경우 일반인들은 경제적인 여가활동을 선택할 수밖에 없다. 주로 집에서 머무르면서 TV를 보거나 라디오 청취, 잡담이나 전화받기, 게임, 목욕이나 사우나, 음주, 신문 · 잡지 보기, 영화보기, 친구들이나 동창회 모임가기 등의 일상생활에서 하기 쉬운 여가활동을 하게 된다.

경제적인 여가활동은 자신의 경제능력으로 감당할 수 있는 범위 내의 여가활동을 선택하거나, 경제적으로 다목적용 여가활동을 선택하게 된다. 즉, 저비용으로 여가활동을 하거나 같은 비용으로 무엇인가 덤으로 소득을 얻을 수 있는 여가활동을 말한다. 특히, 집안 살림을 맡고 있는 주부의 경우 무모한 여가비용의 지출보다는 경제적이면서도 규모 있는 여가비용 지출에 신경을 쓸 수밖에 없다. 예를 들어, 농산물 수확철에 참여하는 농촌체험활동은 저렴한 가격으로 안전한 유기농산물을 넉넉하게 구매해서 올 수 있다는 것이 일종의 경제적인 여가활동 상품이라고 본다. 김장철을 대비해서 고추, 마늘과 같은 양념류를 미리 구매해 놓거나 쌀이나 콩, 그리고 메주와 같은 식자재의 구매도 농촌에서 할 수 있는 경제적인 여가활동의 부산물이라 할 수 있다.

3) 개별관광시대에 적합한 농촌체험관광

여전히 관광철에 단체관광을 떠나는 관광버스의 행렬이 늘어서지만 예전에 비해 상대적으로 자가용을 이용한 관광객이 많이 증가하고 있다. 자가

용보급률이 증가하고, 여가시간이 늘어났다. 그리고 여가시간을 사용하는 데 개인적인 선택 여건이 넓어지면서 타인의 시선에서 벗어나 진정한 자유를 만끽하기 위한 개별관광객이 증가하고 있기 때문이다.

대중관광시대와 개별관광시대의 특징은 교통수단의 발달에 기인하고 있다. 버스에 의존해서 이동했던 관광버스시대에 비해서 집집마다 자가용 보유율이 증가함에 따라 가족 중심의 이동이 자유로워졌다. 관광의 경우에도 버스를 이용하려면 버스 용량에 알맞은 관광객이 모집되어야 하고, 단체로 움직이는 관광이기에 이동하는 교통노선이나 관광의 목적지와 경유지를 선정하는 것도 단체 서비스를 받을 수 있는 곳으로 한정적일 수밖에 없다. 물론 숙박시설이나 편익시설도 단체로 이용하기 때문에 시설의 규모가 클 수밖에 없다.

개별관광은 가족이나 친지, 그리고 친구들이 가볍고 손쉽게 떠나는 특징을 가지고 있다. 개별관광은 관광지를 선택하는 것이나 관광목적지까지 가는 경유 동선을 결정하는 일 등이 자유롭고 즉시적으로 선택할 수 있는 장점을 가지고 있다. 숙박시설도 클 필요가 없다. 관광목적지의 선정도 숙박장소 정도만을 결정하고, 나머지는 관광을 하는 동안에 여건에 따라 자유롭게 선정하거나 변경하면 된다. 즉, 식당도 상황에 따라 자유롭게 이름난 맛집을 찾아 간다든가, 관광지도 남들이 많이 가지 않은 곳을 찾아 여유롭게 답사하는 유형이 주를 이룬다.

개별관광시대의 관광목적지는 대중적으로 유명한 곳보다는 인터넷에서 입수한 정보나 주변의 동호인들의 소개로 결정되는 경우가 많다. 될 수 있으면 일반관광객들이 많지 않은 곳에서 편안한 휴식을 취하고 싶어 하는 곳을 선정한다. 관광시설도 화려하고 거대할 필요가 없으며, 도시적인 서비스의 수준이 높을 필요도 없다. 일종의 문화체험, 생태체험 그리고 농어산촌체험 등과 같이 관광활동을 위한 기본적인 편익시설만 갖추고 있으면 된다. 나머지는 관광객 스스로 기존의 시설에 적응하는 자기 중심형 가치를 추구한다.

개별관광시대의 관광객들은 특별히 개발된 관광단지보다는 지역의 곳곳을 자유롭게 돌아다니는 특징을 가지고 있다. 개별관광시대에는 지역향토문화를 간직하고 있는 농촌 · 어촌 · 산촌 지역과 그 주변의 자연명승지가 될 것이다. 즉, 농어산촌과 그 주변을 관광객들이 많이 방문하게 될 것이라는 뜻이다.

농어산촌체험관광은 우리가 맞이하고 있는 개별관광시대에 적합한 관광상품이다. 외지 관광객을 유치하기 위해 지자체에서 제공되는 지역정보를 검색하면 잘 알려지지 않았거나 외지인에게는 익숙하지 않은 곳에 관한 정보를 쉽게 입수할 수 있다. 그러므로 관광단지 개발의 경우에도 단지 내의 단조로운 여가활동을 보완하기 위해 주변의 의미 있는 곳이나 농어산촌의 체험 프로그램, 그리고 지역의 향토문화 관련 관광상품과 연계시키는 것이 좋다.

4) 여가학적 의미로 본 농촌체험관광

(1) 여가의 새로운 이해

여가(leisure)의 고전적인 개념은 노동(work)의 반대 개념으로 자유로운 시간(non-work, free-time)이라는 뜻으로 시작되었다. 임금은 자신의 자유로운 시간을 고용주를 위해 사용한 대가로 얻은 수익이므로 노동시간에는 자유로울 수 없다는 뜻이기도 하다. 고대에는 노예가 생산활동을 도맡았기 때문에 노동은 노예의 몫이었다. 그러나 농경사회가 되면서 노동은 농사를 짓는 기간, 즉 농번기에 일어나는 활동이었고, 농사철이 지난 농한기에는 자유로운 시간, 즉 여가시간을 가질 수 있었다. 우리나라 농촌에서 가을걷이가 끝난 농한기에 마을주민들이 관광을 떠나는 것과 같은 현상으로 보면 된다.

산업사회에는 직장에 다니면서 월급을 받게 되었으며, 그 대가로 일정 시간 동안 회사를 위해 일을 해야 한다. 그래서 하루에 정해진 노동시간과 1주일 동안 직장에서 근무해야 할 시간은 자유로운 시간이 아닌 노동시간으로 분류된다. 일반적으로 여가시간은 하루 24시간에서 사람의 생명을 유지하기 위해 먹고 자는 생리시간과 수입을 얻기 위해 사용되는 노동시간과 노동준비시간, 그리고 가족이나 친지를 위해 대가 없이 사용되는 의무시간을 제외하면 개인이 자유롭게 사용할 수 있는 시간의 양을 구할 수 있다. 이 시간이 바로 자유로운 시간, 즉 여가시간이다.

고전적인 여가의 개념은 자유로운 시간을 의미하며, 동시에 노동과 대응되는 여가활동의 개념으로 설명되고 있다. 그러나 탈산업사회가 심화되는 요즈음은 노동시간이나 여가시간이 획일적으로 결정되는 것이 아니라 개인의 능력이나 여건에 맞게 조정되는 경우가 많다. 개인적인 능력의 평가는 절대적인 노동시간의 양이 많고 적음보다도 노동의 결과물에 대한 질적인 수준으로 평가하는 경향이 있다. 즉, 재택근무 등 노동환경의 변화에 따라 개인의 노동시간과 여가시간의 유형이 자유로워지고 있다. 그 결과 고전적인 여가의 시간적인 개념이나 활동의 개념이 일반적으로 받아들여지는데 한계가 있다.

여가시간이 많고 노동시간이 적은 경우가 바람직한 삶의 수준이라고 생각되기는 하지만 단순히 시간적인 양이 여가의 수준이나 질을 결정하지는 못한다. 아무리 여가시간이 적어 짬을 이용할 수밖에 없는 사람도 그럴 수밖에 없는 자신의 상황에 만족하면 충분한 여가만족을 느낄 수 있다. 주말이나 공휴일에도 과외로 아르바이트를 하는 바쁜 사람이라 할지라도 일을 하면서 또 다른 행복감을 느낄 수 있다면 이 경우도 생활의 만족을 갖는다고 할 수 있다. 반면에 여가시간은 충분하지만 무엇을 해야 할 줄 모르고 빈둥거리는 사람이나 여전히 노동능력이 충분함에도 불구하고 직업을 잃게 되는 명예퇴직자나 정년퇴임자의 경우에는 여유로운 시간이 많은 것 자체가 부담스러울 수 있다. 한 사람의 생활 만족도는 여가시간의 많고 적음이 아니라 그 사람의 생활여건에 따라 결정되는 상대적인 의미를 가지고 있다.

(2) 여가생활, 개인의 만족도로 결정되는 시대

여가시간이 아무리 적다고 하더라도 여가활동에 참여하는 사람이 만족을 하느냐 하지 못하느냐에 따라 진정한 여가(pure leisure)와 그렇지 못한 여가로 구분된다. 이와 같은 구분은 여가의 진정한 의미는 그 사람의 마음의 상태(state of mind)에 따라 결정된다는 여가의 심리학적 개념에 의한 것이다. 즉, 여가 참여자가 심리적으로 만족을 느낀다면 외형적으로는 노동의 형식을 갖고 있는 활동이라도 여가와 같은 활동이라고 분류할 수 있다.

후기산업사회에서 여가의 평가는 객관화된 계량적인 방법으로 선정하기보다는 주관적이고 개별적인 방법에 의해 평가되고 있다. 예를 들어, 퇴근 후 직장상사와 함께 술을 마시며 여흥시간을 갖는 경우나, 공휴일에 골프나 등산을 함께 하는 경우 외형적으로는 여가조건을 만족시키고 있다. 상사와 보낸 시간은 퇴근 후나 공휴일에 발생된 경우이므로 노동시간이 아닌 여가시간이고, 골프나 등산, 그리고 여흥을 즐기는 활동은 당연히 여가활동에 속한다. 그러나 상사가 편하고 여유로운 마음으로 즐거운 시간을 보냈다고 생각한다고 부하직원도 상사와 같은 만족감을 가질 수 있는 것은 아니다. 꼭 그렇지는 않겠지만 대부분의 부하직원은 상사와 함께 하는 자리는 불편해서 빨리 벗어나고 싶을 것이다.

상사와 부하직원의 활동은 외형적으로 보면 여가시간에 하는 여가활동이지만, 각자의 심리적인 상태를 살펴보면 상사는 여가시간에 여가활동을 즐기고 있지만 반대로 부하직원은 근무시간의 연장선상에서 힘들어하고 있다고 본다. 즉, 부하직원은 노동의 연장이라 할 수 있다.

사 례

어느 한 부대의 중대장의 취미는 공휴일에 테니스를 치는 것이다. 예를 들어. 자기 중대에 신병 5명이 배치되었는데, 그 중 한 신병은 테니스 상비군 출신이어서 중대장이 신이 났다. 근무시간이 끝난 자유로운 시간에 자신과 함께 테니스를 칠 동반자가 생겼기 때문이다. 날씨가 화창한 일요일 오후 신병은 중대장의 호출을 받았고, 연병장 근처에 마련된 장교 테니스 코트에서 하늘 같은 중대장이랑 테니스를 즐겼다. 근무시간이 아닌 여가시간에 군 훈련이 아닌 테니스를 쳤기 때문에 외형적으로는 중대장이나 신병 모두 여가활동을 즐긴 것이다.

그러나 각자의 사정은 사뭇 다른 해석이 가능하다. 중대장의 입장에서는 분명 여가활동을 하였지만 신병의 경우에는 중대장과 같은 평가를 할 수 없다. 이제 막 부대배치를 받은 신병의 경우에는 황금 같은 휴일에 부족한 잠을 자면서 육체적으로 푹 쉬고 싶을 것이다. 여가시간에 여가활동을 같이 하였더라도 중대장은 진정한 여가를 즐겼지만 신병의 경우에는 노동시간의 연장으로 만족스럽지 못한 일요일 오후를 보낸 것으로 해석된다. 즉, 신병의 경우에는 중대장의 눈치를 보면서 중노동을 한 꼴이 된 것이다.

외형적으로는 놀고 있어도 경우에 따라 모두 놀고 있는 것이 아닌 것과 마찬가지로, 노동을 하고 있어도 모두 다 일을 하고 있는 것이 아닐 수 있다. 노동을 해서 수익을 얻는 사람에게는 분명 일이라 할 수 있으나, 취미로 육체적인 활동을 선택한 사람의 경우 외형적인 형상만을 보고 노동 중이라고 평가할 수는 없다. 주말농장에서 농부와 함께 농사일을 하고 있는 도시사람과 농부의 역할은 서로 다르기 때문이다.

사 례

경기도의 한 근교에서 김씨라는 농부가 고구마농사를 짓고 있었다. 1,000평의 밭에 고구마농사가 잘 되었다고 소문이 났다. 어느 가을날 오후 잘 모르는 사람으로부터 전화가 걸려 왔다. 시내에서 어린이집을 운영하고 있는 최 원장이었다. 용건은 어린이들을 위한 고구마캐기 체험행사를 김씨 농장에서 하고 싶다는 제안이었다. 물론 기꺼이 수락을 하고, 화요일 오후 50명의 어린이들이 고구마를 캐러 오기로 예약을 하였다.

마을 어귀에 있는 고구마밭에서 고구마캐기 체험행사가 진행되었다. 화요일 오후에 김씨는 50명의 어린이들과 고구마를 캐기 시작하였다. 어린이들은 서쪽 고랑에서 고구마를 캐고, 농부인 김씨는 그 반대편에서 다음 날 시장에 내다 팔 고구마를 캐기 시작하였다. 멀리 언덕 위에서 내려다보이는 김씨의 밭에서는 어린이들과 김씨가 고구마를 캐는 노동을 하고 있는 것이 분명하다. 그러나 그 내막을 살펴보면 전혀 상반된 활동을 하고 있는 것으로 해석된다.

농부 김씨의 직업은 농부가 분명하다. 다음 날 시장에 내다 팔 고구마를 캐고 있으니 김씨의 행동은 분명히 노동이다. 그러나 어린이들의 경우에는 김씨와의 외형적인 행동이 같다고 노동을 하고 있다고 설명할 수 있을까? 당연히 아니다. 어린이들은 공휴일이 아닌 평일, 농사일인 노동을 하는 것으로 보이지만 그 내용은 놀고 있는 것이다. 즉, 여가활동을 하고 있는 것이다. 농부인 김씨의 관심은 상품성이 좋은 균일한 크기의 고구마를 수확하고 싶겠지만 어린이들의 경우에는 고구마의 크기나 형태에는 관심이 없다. 오로지 즐거운 마음으로 고구마를 캐는 놀이를 하고 있는 것이다.

농업생산물로 소득을 올리는 농부하고는 다르게 취미로 농장일을 하는 도시민은 여가활동을 하고 있다고 말할 수 있다. 밭일이나 논일처럼 힘든 농사일을 농부들이 하는 경우에는 노동이지만, 도시민이 하는 경우에는 농사체험을 통한 새로운 여가활동으로 해석된다. 그러므로 농어촌체험사업은 육체적인 활동이 부족한 도시민을 위한 새로운 여가활동이라 할 수 있다. 즉, 새로운 여가는 시간이나 활동에 구애받지 않고 개인의 여가욕구를 만족시킬 수 있는 정도에 따라 여가활동의 여부가 판단된다. 육체적으로 힘든 노동의 경우라도 개인의 취향이나 취미로 즐겁게 수용할 수 있다면 바로 여가활동으로 분류된다.

(3) 농민은 관광지로, 도시민은 농촌으로

일상 생활환경을 떠나 관광여행을 떠나는 것은 살아가는 환경을 반대로 바꾸어 보는 것이다. 한쪽 편의 생활만 가지고는 우리의 생활만족도를 충족시키지 못하기 때문에 반대의 생활을 통해 부족한 부분을 채우려는 노력의 일환으로 보아야 한다. 여가와 관광활동이 노동의 반대 개념으로 발달되었던 것도 동전의 양면과 같이 우리 생활의 서로 상이한 부분을 나타내고 있는 것이다.

우리는 생활에서 쌓인 스트레스를 반대 방법으로 푼다. 노동을 했으면 쉬어야 하고, 고기를 많이 먹었으면 가벼운 채소류를 보충해야 한다. 요가에서 허약한 육체의 기능을 보강하기 위해서 항상 사용하는 근육이나 관절을 반대 방향으로 풀어 주는 것과 같은 이치다. 정신노동을 많이 하는 사람은 육체의 활동이 부족해서 등산이나 헬스와 같은 운동으로 허약해진 체력을 보강해야 한다. 반대로 육체노동을 많이 하는 경우에는 편하게 쉬면서 육체적 피로를 풀어 주고 새로운 에너지를 보충해야 한다. 하루종일 운전을 하는 운전기사의 경우 하반신을 많이 사용하지 않기 때문에 쉬는 날이면 운동이나 등산과 같이 육체적인 활동을 해서 하체의 힘을 보강한다. 조기축구회 회원에 택시기사들이 많이 참여하고 있는 현상도 스트레스를 반대로 푸는 논리로 설명될 수 있다.

농민들은 농사를 지으면서 육체노동을 많이 한다. 농업은 노동의 대표적인 산업이다. 반면에 도시노동자들은 편리한 생활환경의 탓이기도 하지만 상대적으로 육체노동보다는 정신노동을 주로 한다. 그러므로 농민이 생활 중에서 얻게 되는 스트레스를 풀기 위해서는 편하게 쉬고 노는, 관광여가활동을 해야 한다. 농한기나 여유가 있는 시간에 찜질방이나 온천여행 가는 것이 바람직하다. 그래서 농민은 스트레스를 풀기 위해서 휴양을 즐길 수 있는 도시나 관광지를 선택하는 것이 좋다.

도시민들은 발달된 편익시설에 익숙해져서 많이 사용하지 않는 육체를 단련하기 위해 몸을 사용하는 활동을 하는 것이 스트레스를 푸는 데 효과적이다. 등산이나 조깅과 헬스, 그리고 다양한 야외활동을 통해 땀을 흘리는 것이 스트레스를 푸는 좋은 방법이다. 농어촌체험관광은 농어민들과 같이 육체를 많이 사용하는 여가활동이다. 땅을 파고 농사를 짓는 활동이나 갯벌이나 배를 타고 작업을 하는 어민의 생활을 통한 육체노동은 등산이나 운동과 같은 효과를 얻을 수 있어 도시민들의 여가활동으로 각광을 받고 있다. 최근 들어 도시민들이 휴일을 이용해 농어촌으로 체험활동을 많이 가는 것도 이와 같은 연유에서다.

사 례

오랜 만에 금요일 오후 고향에서 농사를 짓고 있는 노부모님이 서울 아들집을 찾아 왔다. 아들내외가 아버지, 어머니를 반갑게 맞이하였으며, 어린 손자손녀는 좋아서 이리저리 뛰어다닌다. "할머니 할아버지 오셔서 정말 좋아요. 내일은 학교를 가지 않는 토요일이라서 엄마랑 아빠가 내일은 가족끼리 아주 좋은 데 간데요. 할머니 할아버지도 같이 가요." 물론 할머니 할아버지도 기분이 흐뭇하였다. "오냐오냐 그렇게 하자." 어딘지는 모르지만 가족끼리 좋은 데 간다고 하니 그저 같이 좋을 뿐이다. 다음 날 아침 일찍 온 가족은 맛있는 점심을 장만해서 가족여행을 떠났다.

한참 후에 도착한 곳은 아들네 가족들이 가꾸고 있다는 주말농장이다. 애들이 이리저리 뛰어다니며 할머니 할아버지에게 이것저것을 자랑한다. 자기들이 심고 가꾼 농작물을 보여 주면서 할머니 할아버지의 손을 끌고 다닌다. 할머니 할아버지는 손자손녀 재롱에 기분이 나쁘지는 않지만 속으로는 어떤 생각을 하겠는가? 혹시 마음 속으로는 "그래 좋다, 좋아. 그런데 우린 어제 오전까지 풀 뽑다 왔다"라고 하지는 않을까?

아무리 좋은 일이고 즐거운 일이라도 그 평가는 상황에 따라서 달라진다. 도시에 살고 있는 아들내외나 손자손녀들의 경우 주말을 이용해서 농사를 짓는 것이 자신들의 여가활동이라지만 할머니 할아버지에게는 그렇지 않다. 시골에서 농사를 짓고 있는 할머니와 할아버지는 날마다 육체노동을 하기 때문에 주말농장에 가는 것은 쉬는 것이 아니라 또 다른 일터인 농장에 나와 있는 것이다. 이 경우 할머니와 할아버지는 찜질방에서 농사일로 지친 육체를 쉬도록 배려를 하고, 도시생활로 정신적인 피로가 쌓인 가족은 주말농장에서 자연을 벗삼아 땀을 흘리는 여가활동을 하는 것이 모두를 만족시키는 여가활동 방법이다. 농어촌지역의 학생들은 소풍이나 수학여행을 도시나 관광지로 가고, 도시지역의 학생들은 반대로 농어촌으로 야외활동을 하러 가는 것처럼 생활환경에 따라 서로 다른 여가선택을 하는 것이 바람직하다.

(4) 농촌체험관광과 관광농업(원)의 본질

마을에 따라서는 전부터 개인이 운영해 왔던 관광농원과 최근에 정부에서 지원하는 농촌체험사업이 함께 운영된 곳이 있다. 그러나 공존시키는 것이 불가능한 것으로 생각하며 불화를 일으키는 경우도 종종 있다. 관광농원을 운영하는 사람이 정부의 지원시책을 빨리 간파하고 마을공동사업을 유치하는 데 결정적인 역할을 한 경우에도 마을주민들은 공동사업이라는 이유로 개인관광농원의 운영자를 공동사업 참여에서 배제하는 경우가 있다. 심지어는 개인사업이 마을공동사업에 방해가 된다며 고의적으로 방해하는 경우까지 발생하여 심한 갈등으로 발전하는 경우도 있다. 이와 같은 갈등들이 심화되면 결국 개인사업을 접을 수밖에 없을 뿐만 아니라 마을공동사업도 순조롭게 진행될 수 없어 공멸을 자초하게 된다.

관광농원과 농촌체험관광사업은 본질적으로 같은 개념이다. 관광농원은 개별농가에서 농촌체험을 운영하는 개인사업이며, 농촌체험관광은 마을단위로 운영되는 공동체험사업이다. 운영주체가 개인인가 마을공동인가의 차이가 있는 것이지 사업의 본질이나 내용은 다른 것이 아니다. 관광농업은 산업기준의 분류인 동시에 농업활동의 의미를 가지고 있다. 반면 농촌관광은 농촌마을에서 진행되는 관광이라는 뜻으로 농촌이라는 지정학적 의미를 담고 있다. 지정학적으로 농촌마을에서 발생하는 체험관광이기는 하지만 내용적으로 보면 농민들과 농업활동을 통해 이루어진 활동이기 때문에 실질적인 내용은 같은 개념이다.

정부에서 지원하는 정책이 바뀌면서 관광농원이 실패한 것으로 평가되고 있지만 엄밀히 평가하면 관광농원의 제도와 운영방식에 문제가 있는 것이지 사업내용 자체에 문제가 있는 것이 아니다. 현재 관광농원을 잘 운영하고 있는 곳도 많이 있다. 관광농원이 크게 성공하지 못한 이유가 시기적으로 관광농업사업을 전국적으로 광범위하게 확장시키는 것이 시기상조였

그림 1-1 농어촌체험마을과 농가별 관광농업의 관계

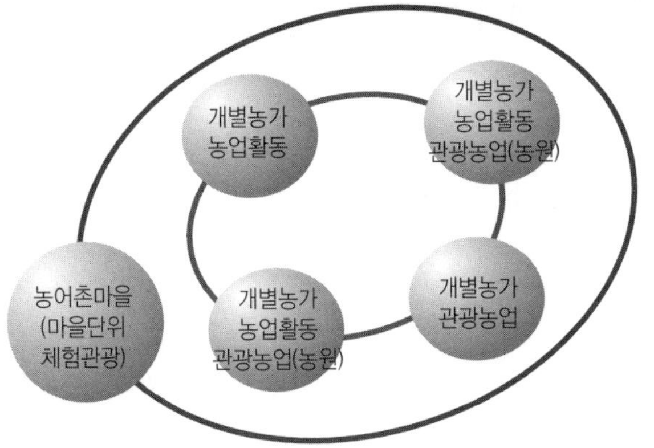

으며, 농민들도 사업의 본질을 제대로 이해하지 못하고 있는 상태에서 우리나라 농촌 실정에 적합한 사업 모델을 개발할 여유가 넉넉하지 못했기 때문이다.

그 후 관광농원의 미흡한 점을 보완해서 마을단위의 사업으로 개념을 전환시킨 것이 농어촌체험관광사업 지원정책이라고 할 수 있다. 관광농원과 농촌체험관광의 구분은 지원방식이 사업주체에 따라 개별농가인가, 마을공동인가에 있다. 개별농가사업과 마을공동사업 사이의 갈등은 여러 가지 이유와 배경에서 발생되기는 하지만, 마을주민들의 농촌관광과 관광농원의 본질을 잘못 이해하는 가운데서 유발되는 경우도 많이 있다. 속성이 다른 사업이라는 생각에서 상대의 입장을 이해하려 하지 않기 때문에 예기치 못하였던 갈등이 발생한 것이다.

2. 농촌체험관광의 수요 급증

1) 농촌체험관광의 변화

1980년대의 농촌체험관광사업은 관광농원이라는 이름으로 시작되었다. 당시 서울 근교농업이 발달되었던 안양의 딸기밭이나 수원의 포도밭을 중심으로 주말농장 정도가 유원지로 개발되어 행락객을 맞이한 시절이었다. 특히, 처음 등장하기 시작한 방갈로는 체험사업을 위한 숙박시설이라기보다는 풍기문란의 대상으로 언론의 지목을 받기도 한 때였다. 지역경제 활성화를 위한 농업지원정책의 일환으로 지역별로 선정된 농가에서 관광농원이 시작되었는데, 본인이 쓴 「무성산 관광농촌공원 개발계획」에 관한 석사논문이 출간된 직후의 일이다.

관광농원에 대한 국내자료가 전무하였던 시절에 당시 본인의 논문에서는 농촌체험과 관련된 이론을 처음 소개하는 계기가 되었다. 본 논문에서는 우리나라에서 관광농업이 상업화될 수 있는 곳으로 서울에서 1시간이나 1시간 반 정도의 거리에 위치한 수도권으로 한정하고 있다. 프로그램에서도 가족끼리의 농산물 채취 체험 정도의 활동을 일반옥외활동 내용의 일부로 도입하고 있었으며, 숙박시설로는 콘도와 편익시설을 제안하고 있었다.

당시 개원하여 지금까지 잘 운영되고 있는 관광농원도 많이 있지만 거의 대부분의 관광농원은 문을 닫았다. 외형상으로는 결국 실패한 사업으로 평가되어 버렸지만, 내용상으로는 농업의 여가학적 의미가 상실된 것이 아니다. 단지 성공한 사업으로 발전하지 못하였다는 평가가 더 적합할 것이다. 지금 성공적으로 발전하고 있는 각종 농촌체험 관련 사업들의 기본 개념은 당시의 관광농원에서 도입되고 있는 체험 프로그램의 개념과 차이가 없기 때문이다. 당시 대부분의 도시는 도시와 농촌이 공존하는 형태를 유지하고 있었으므로 도시민들의 농촌에 대한 동경이 그리 크지 않았다. 수도권을 제외하고는 체험객을 비롯한 농촌방문객들이 거의 없는 상태였기 때문에 관광농원에 대한 이해도 부족하였지만, 이와 관련된 사업도 미미한 수준을 벗어나지 못하였다. 지방 대도시에서도 30분 이내에 외곽농업지역으로 연결될 정도였는데, 군단위에서 농촌체험사업이 제대로 운영될 수 없었던 것이다.

1990년대의 중후반 도시화율의 증가와 인구 도시집중화 현상이 심화됨에 따라 도시환경이 악화되자, 상대적으로 도시민들은 자연환경과 향토문화에 관심이 커지기 시작하였다. 정부의 지원방법도 농가단위에서 마을 중심으로 바뀌었다. 대부분 마을이장이 중심이 되어 주민이 참여하는 공동사업의 형태를 띠게 되었다. 정부의 지원방법도 금융혜택에서 지원 형태로 바뀌고, 지원하는 부서나 사업의 내용도 여러 가지 모습으로 나타났다. 기존의 관광농원사업도 탄력을 받기 시작하였지만 마을단위의 농어촌체험관광사업이 활성화되면서 본격적인 농어촌체험관광시대를 맞이하게 되었다. 통계를 보더라도 국내관광 총량이 2002년 이후 4.6%씩 증가하고 있는 반면, 농어촌체험관광 수요 총량은 평균 16%씩 증가하고 있다. 그리고 2011년에는 국내관광 총량 중 농어촌체험관광이 차지하는 비율이 24%에 달할 것으로 예측하고 있다.

농어촌을 방문하는 초창기 체험객은 유치원이나 유아원, 또는 초등학교의 저학년, 그리고 가족이나 친지들로 구성된 소규모 단체였다. 그러나 시간이 지남에 따라 각종 학원 수강생이나 종교단체의 학생 및 어린이 등 체험객의 유형이 다양해지면서, 최근 들어서는 정규 교육 과정으로도 확대되는 경향을 보이고 있다.

농어산촌은 초등학교의 소풍지로도 각광을 받고 있다. 최근 몇 년 사이에 300~450명 수준의 중학교 수학여행지로도 선정되고 있어 농어촌체험관광의 선택폭은 급격히 넓어지고 있다. 서울시 교육청에서도 수학여행단의 규모를 소규모로 분리해서 체험 중심의 주제를 선택하도록 권장하고 있다. 국제관광 차원에서도 우리나라의 전통문화, 특히 농촌의 향토문화를 이해하고 싶은 외국방문객들도 증가하는 경향이 있어 농어촌체험관광이 우리나라 관광 총량에서 차지하는 비율은 꾸준히 증가할 것으로 예상된다.

2) 체험사업 사례

딸기농사를 전문적으로 하고 있는 경기도의 한 농가에서 일찍부터 체험사업을 병행하고 있다. 딸기농사의 경우 딸기가 잘 성숙하여 좋은 상품으로 출하되면서부터 수익이 발생되는 것과는 다르게 딸기 모종을 심고, 틈틈이 관리하는 일과 더불어 딸기를 수확하는 전 과정을 체험 프로그램으로 발전시켰다. 그 결과 딸기에 관한 체험을 하고 싶은 경우 예약을 하지 않고서는 농장에 입장하기 어려울 정도로 많은 체험객이 방문하게 되었고, 자연스럽게 딸기판매에 의한 농업소득과 더불어 체험에 의한 부대수입인 농외소득이 점진적으로 증가하였다. 농장주인에 따르면 체험객이나 농장수익이 매년 30%씩 증가하고 있으며, 재방문율 또한 높아지고 있다고 한다.

한 축산농가는 17년 전 일본 방문시 우연히 접하게 된 축산체험농가를 보고 과감하게 젖소사육을 접었다. 그리고 지금의 가축 및 농업체험농장을 개장하였다. 조랑말을 비롯한 가축이나 작은 동물을 체험하고, 농사체험을 포함한 농촌체험농장사업을 시작한 초기에는 힘들었지만 지금은 연간 수만 명이 방문할 정도로 발전하였다. 농장의 규모도 커졌지만 입장료를 받고 있을 정도로 운영이 잘 되고 있다. 연중 제공되는 체험 프로그램도 연초에 결정해서 홍보할 정도로 안정되었으며, 대부분 예약접수를 통해 운영되고 있다.

1980년대부터 시작하였던 관광농원들도 여전히 성공적으로 잘 운영되고 있는 곳이 많이 있으며, 최근 들어 농촌체험에 대한 사회의 관심이 증가함에 따라 새롭게 개설되는 개인농원도 많아지고 있다. 특히, 학교농장이나 에듀팜 등과 같이 정규 교과 과정을 현장에서 체험하게 하는 현장 중심의 교육환경이 농가별 체험사업의 가능성을 높여 주고 있다.

마을단위의 공동사업도 확대되고 있다. 마을갈등으로 침체된 곳도 있으나 성공한 마을에서는 연간 수만에서 수십만 명의 체험객을 수용하는 곳도 있어 단순한 농외소득 차원이라기보다는 농촌이 중소기업 규모로 운영되고 있기도 하다. 운영하는 방법에 따라 체험사업을 주로 하는 곳도 있지만 마을에 체험객이 증가하게 되면 자연스럽게 마을에서 생산되는 농산물의 판매가 증가하게 되어 체험사업 수입과 농산물 판매 수입이 동반 상승하는 효과를 보게 된다. 초기에는 체험사업으로 시작한 마을에서도 농산물 직

거래나 인터넷 판매를 확충하고 있다.

한 마을은 우리나라에서 가장 많은 체험객이 오는 곳으로 유명한 곳이다. 물론 사업을 추진하는 과정에서 갈등을 가장 심하게 겪은 곳이기도 하지만 마을 전체로 보면 연간 약 30여만 명의 체험객이 찾아오는 곳이다. 우리나라의 어느 농촌에서나 볼 수 있는 평범한 마을이지만 절기에 맞는 농사체험 프로그램을 중심으로 마을 앞 냇물과 뒷산에서 다양한 프로그램이 진행되고 있다. 처음에는 마을공동사업으로 시작을 하였으나 지금은 마을공동사업과 3~4개의 개인사업체가 공존하는 곳이다. 다른 마을에 비해 충분한 숙박시설을 구비하고 있어서 300~400명 정도의 수학여행단도 단체로 수용할 수 있다. 우리나라의 대표적인 기업형 농촌체험마을이라고 해도 손색이 없을 정도다.

경기 북부에 위치한 한 마을은 농경지도 협소할 뿐만 아니라 척박하여 농사로는 주민들의 경제적인 문제를 해결할 수 없을 정도여서 농촌이라기보다는 산촌으로 분류하는 것이 더 적절한 곳이었다. 일찍이 광산촌으로 개발된 곳이기에 술과 도박으로 마을 분위기가 나쁜 쪽으로 유명한 곳이기도 하다. 그러나 오래 전부터 마을 젊은이들을 중심으로 마을 분위기를 쇄신하고 스스로 자립할 수 있는 마을을 만들기 위해 마을공동사업들을 추진해 왔다. 당시의 마을 젊은이들이 지금은 마을지도자들로 성장하였으며, 정부의 지원을 받지 않은 상태에서 농촌체험사업을 추진해서 정착시킨 마을이다.

지원금을 받지 않은 이유는 주민 사이에 발생할 수 있는 갈등의 소지를 미연에 방지하기 위해서였다. 마을주민들 대부분은 많은 교육을 수료하였고, 자신의 능력에 따라 다양한 자격증을 소지하고 있다. 정부의 지원금을 받지 않고 자생적으로 마을공동사업을 성공시킨 마을 사례로 유명하다.

해안가에 있는 한 마을은 농업과 어업이 동시에 이루어지는 곳이 있다. 해안가 가까이에 자리한 농원은 조개캐기를 비롯한 어촌체험과 농사체험을 곁들인 관광농원을 운영하고 있었는데, 후에 마을의 공동사업인 농촌체험사업이 유치되었다. 개인의 관광농원과 마을공동사업인 농촌체험사업이 시차를 두고 수용된 마을이다. 처음에는 갈등으로 마음고생을 많이 하였지만 시간이 지나면서 사업의 의미를 이해하게 되고, 마을주민 간의 사업협조 방법 등도 논의하면서 지금은 매우 안정적인 체험마을로 발전하고 있다. 초창기 마을에서 겪을 수 있는 시행착오를 극복하고 나서 마을주민들이 화합하게 된 마을로 평

가되기도 한다. 지금은 마을공동사업과 개인체험사업이 공존하고 있다.

강원도에 있는 한 마을은 동네 앞 들판에서 생산되는 쌀이 유명한 곳이었다. 들녘이 넓은 것도 아니고 마을의 경관이 뛰어난 곳은 더더욱 아니다. 우리나라 어느 마을에서나 볼 수 있는 평범한 곳이다. 그러나 이 마을은 이장을 중심으로 마을지도자와 군청의 담당공무원이 힘을 합쳐서 농촌체험사업을 일찍 수용하였다. 주민들의 관심도 높아서 빠르게 성장하였고, 정부의 지원금과 포상금도 많이 받아 이 분야에서 스타 마을이라는 칭호가 붙기도 했다. 이 마을의 체험은 벼농사가 중심이 되었다. 우리나라 농업 중에서 가장 평범한 소재이지만 다양한 프로그램을 개발하여 가장 돋보이는 성공 사례를 이루게 되었다. 볍씨고르기부터 시작하여 모내기와 오리농법 등 벼농사 전 과정을 체험 프로그램화시켰다. 농한기에는 농촌과 문화행사를 접목시켜 자기 마을이 지니고 있는 농촌 어메니티 자원을 최대한 활용하는 창의력을 가진 마을이다. 체험사업이 번창하면서 마을이 공동으로 운영하는 펜션을 도입하여 수익사업의 안정성을 높인 마을이다.

농촌체험마을의 체험 프로그램은 마을에서 짓는 농사일을 중심으로 사업의 기본 골격을 유지하고, 나머지는 마을이 보유하고 있는 여러 가지 자원의 특성에 따라 다른 마을과 차별화되는 프로그램을 개발하고 있다. DMZ 내에 위치한 마을의 경우에는 분단의 역사를 체험할 수 있는 현장감을 생생하게 담고 있고, 문화

적으로 가치가 있는 문화역사마을은 마을의 경관 자체가 새로운 매력으로 각광을 받고 있다. 전통적인 농법을 한눈에 볼 수 있는 다랭이논은 그 자체가 자원이 되고, 강원도 산골마을의 너와집이 지역의 향토문화를 이해하는 데 도움이 되고 있다.

이처럼 우리나라의 농어촌체험사업은 큰 잠재력을 가지고 있다. 농산물이나 조개 등 패류를 채취하는 농어업뿐만 아니라 다양한 농작물의 재배와 수확에서 농촌체험 프로그램의 운영이 가능하며, 도시화가 심화될수록 도시민의 농어촌에 대한 관심은 증대될 것으로 예견된다.

3) 귀농귀촌에 대한 관심 증대

퇴직 후 농촌에서 새로운 인생을 시작하려는 도시민들의 귀농바람이 불고 있다. 일반적으로 퇴직한 사람들이 귀농이나 귀촌에 더 많은 관심을 가지고 있지만 퇴직을 하지 않은 상태라도 동호회를 만들어 단체로 이주단지를 개발하는 경우도 많아지고 있다. 생태형 귀촌마을을 조성하는 경우 농림수산식품부에서 적극적으로 도와 주고 있는 결과 지자체에서 주도적으로 추진하고 있는 전원마을은 전국 25곳 약 500~600가구에 이르고 있다.

초기에는 개별적으로 농촌생활을 계획하고 독립적으로 귀농이나 귀촌을 하는 경우가 대부분이었는데 개인이 농촌사회에 적응하는 데 어려움이 많았다. 그래서 개별적으로 겪은 실패담을 공유하면서 동호인들이 함께 이주마을을 조성하는 것이 요즈음 추세다. 농림수산식품부에서는 농촌에 정착하려는 20가구 이상의 도시민들이 모임을 구성하여 지자체에 기본 계획서를 제출할 경우 타당성을 검토하여 진입로, 전기통신과 상수도, 그리고 하수도 등 기반시설을 지원하고 있다.

도시민의 귀농귀촌을 위한 전원마을은 단순히 택지와 주택을 보유하는 것이 아니라 농촌에 새로운 삶의 터전을 만드는 것으로 지역주민들과 공감대를 형성하는 노력이 필수적이다. 동시에 농촌에서의 경제활동도 만족스러워야 하는데 상당 부분의 귀농·귀촌인들이 농촌체험 관련 사업에 관심을 가지고 있다. 실제로 귀농귀촌을 한 도시인들이 체험 관련 사업으로 민박이나 펜션과 같은 수익사업을 하고 있는 경우가 있으며, 마을공동사업에도 관여하여 이장이나 사업의 위원장을 맡고 있는 경우도 있다. 도시민의 농촌생활에 대한 관심이 증대되고 있는 결과가 현실적으로는 귀농귀촌으로 귀결되고 있다. 이는 농촌과 농업에 대한 가치를 도시민들이 새롭게 인식한 결과라고 평가된다.

농어촌체험관광사업에 대해 관심은 농어민뿐만 아니라 도시민들 사이에서도 높다. 일단 농어산촌으로 귀농하고자 하는 사람들이 늘고 있으며, 농어촌체험사업을 신규 투자사업의 대상으로 교육을 받는 사람들도 증가하고 있다. 도시에서 귀농한 사람이나 다른 사업경험이 있는 사람의 경우 평생 농사만 지었던 농민에 비해 사업수완이 더 뛰어나다. 농업이나 농촌생활을 기초자원으로 하고 일종의 고객 서비스의 개념을 도입한 사업을 도시민들이 운영하는 경우가 증가하고 있는 것은 농어촌체험사업의 비전이 밝음을 간접적으로 증명하는 셈이다.

4) 커뮤니티 비즈니스

커뮤니티 비즈니스(community business)란 지역사회에 기반을 두고 지역의 잠재력을 사업화시키는 활동이다. 일종의 지역주민들이 자신의 지역에서 자립적으로 생활할 수 있는 경제적인 기반을 조성하는 사업이다. 커뮤니티 비즈니스는 지역이 보유하고 있는 자원의 가치를 재발견하고, 지역의 인재를 육성하면서 그들이 중심이 되어 지역의 사회적 · 경제적 · 환경적인 과제를 해결하기 위해 도입된 개념이다. 일단 경제적으로 수익이 발생되는 사업 모델이 되어야 하며, 이 사업을 통해 창출된 수익은 지역으로 환원하는 지역순환형 경제활동을 의미한다.

커뮤니티 비즈니스의 사업대상이 모두 농촌체험관광에 국한된 것은 아니지만 지역의 자원과 인재를 중심으로 추진되는 사업이므로 지역의 범위인 농촌, 어촌, 산촌과 직접적으로 관련되어 있다. 결국 어떤 형태의 커뮤니티 비즈니스더라도 농촌과 도시를 연결하는 도농교류사업이 주축이 될 것이다. 도농교류사업의 돌파구 역할을 할 수 있는 사업을 농촌체험 관련 사업이라고 규정하고 있는 저자의 입장에서는 커뮤니티 비즈니스와 같은 새로운 정책 방향은 바로 농촌체험관광사업의 사회적인 관심도를 반영하고 있다고 본다. 그렇기 때문에 커뮤니티 비즈니스 지원정책은 지금의 마을공동사업에 더 큰 탄력을 줄 수 있을 것으로 기대하고 있다. 농촌이 안고 있는 복잡한 문제들은 기본적으로 농촌의 경제가 활성화됨으로써 순차적으로 해결될 것이며, 도시민의 여가환경 변화에 발맞추어 농촌체험사업에 대한 기대가 커질 것으로 생각된다.

II.

마을공동사업의 현장

1. 농촌체험관광 관련 사업 현황
2. 농촌체험관광의 이해
3. 1사1촌운동의 역할
4. 농촌체험 프로그램의 이해
5. 마을환경의 이해

1. 농촌체험관광 관련 사업 현황

우리나라는 1983년 농어촌소득원개발촉진법, 1990년 농어촌발전특별조치법, 1994년 농어촌정비법 및 동 시행령 등의 법령에 의거하여 농어촌 소득증대와 지역개발에 기여하도록 농어촌관광을 정책적으로 지원하고 있다. 정부의 지원으로 이루어지고 있는 농어촌관광 관련 지원사업은 녹색농촌체험마을(농림수산식품부)을 비롯하여 농촌전통테마마을(농촌진흥청), 생태산촌마을(산림청), 아름마을(행정자치부), 자연생태우수마을(환경부), 문화역사마을(문화부), 어촌체험마을(농림수산식품부), 팜스테이 마을(농협중앙회), 학교농장인 에듀팜(농촌진흥청) 등이 있다. 그리고 지자체에서 자체적으로 운영되는 지원정책까지 포함한다면 그 종류는 더 다양해진다.

농어촌체험마을사업의 추진 현황은 농식품부와 행안부 등 5개 부처에서 9개 사업을 추진하여 2010년 말 현재 전국에 총 1,675개소를 조성하였다. 2007년 농어촌 체험휴양마을사업과 전문인력 육성 등을 내용으로 하는 「도시와 농어촌 간의 교류촉진에 관한 법률」을 제정하고, 농외소득 창출과 지역경제 활성화를 도모하는 사업을 적극적으로 추진하고 있다. 마을단위 농어촌관광 및 1사1촌을 통한 교류액도 지속적으로 상승하고 있어 농어촌 성장 동력으로 농촌체험관광의 가능성이 확인되고 있다.

마을방문객의 수로는 녹색농촌체험마을, 어촌체험마을 그리고 아름마

표 2-1 부처별 농어촌 체험마을사업 현황

(단위: 개소/억 원, '10년 말 기준)

소관부처	관련 사업	사업기간	계획(개소)	실적(개소)	*투입예산(억 원)
농식품부	농촌마을종합개발사업	2004~2017	1,000	185	8,849
	녹색농촌체험마을	2002~2017	850	516	1,042
	어촌체험마을	2001~2013	112	105	702
	아름마을(행안부에서 이관)	2001~2003	23	23	435
행안부	정보화마을	2001~2008	400	363	1,658
	살기좋은지역만들기	2007~2009	30	30	806
문화부	문화역사마을	2004~2009	13	13	239
농진청	농촌전통테마마을	2002~2009	170	170	340
산림청	산촌생태마을	1995~2012	600	270	3,364
5개 부처	9개 사업		3,198	1,675	17,435

* 투입예산: 국비, 지방비 및 일부 자부담 포함.

을사업을 통해 2008년에는 338만 명이었으나, 2009년에는 433만 명, 그리고 2010년에는 532만 명으로 늘어났다. 매출액에서는 2008년 487억 원에서 2009년에는 605억 원, 그리고 2010년에는 794억 원으로 급상승하고 있다. 1사1촌에 의한 교류액도 2008년에는 562억 원에서 2009년에는 606억 원, 그리고 2010년에는 615억 원으로 증가되었다.

사업의 대상지로 지정된 마을들은 마을단위 사업이라는 특성 때문에 마을주민이 주체가 되어 사업의 규모나 유형들을 결정한다. 마을공동사업을 열심히 추진하고 있는 마을이 있지만 상당 부분의 마을지도자들은 마을주민과의 갈등으로 여러 가지 고통을 받고 있으며, 심한 경우에는 지원대상 마을로 지정된 자체를 후회하고 있는 곳도 적지 않다.

반면 농촌관광사업의 운영과 관리방법, 특히 투자방법이나 소득의 분배방법 등 사업을 경영하면서 직면하게 될 다양한 갈등문제들을 해소할 수 있는 전문적인 자료는 거의 없다. 운영과 관리에 대한 내용이 기술되고 있는 책자의 경우에도 운영에 관한 일반적인 내용이거나 이론을 소개하는 정도여서 농민들이 현장에서 직면하고 있는 현실적인 문제를 해결하기에는 역부족이다. 상당 부분 농촌 관련 사업을 너무 낙관적으로 평가하고 있어서 시작만 하면 성공할 것 같은 착각을 일으키게 하는 부분도 없지 않다. 대부분의 논문이나 용역계획서, 그리고 농민교육 등이 이론적이거나 성공한 우수 사례 중심으로 이루어져 있어 농어촌에서 실무자들이 직면하고 있는 운영과 관리상의 어려움을 대변하고 있지 못하고 있는 실정이다.

2. 농촌체험관광의 이해

관광자원은 관광객의 관광목적을 만족시켜 주는 유형 · 무형의 모든 대상을 의미한다라고 정의되는 것과 마찬가지로, 농촌체험을 위한 자원은 농촌체험관광의 대상이 되는 모든 자원을 의미한다. 농민들은 농산물을 생산하는 농사일에 익숙해졌기 때문에 농촌체험사업을 무슨 자원으로 해야 할까 걱정하고 있다. 농촌에는 도시사람들에게 보여 주어야 할 특별한 자원이 없는 것으로 생각하고 있다. 그러므로 농촌관광사업을 성공시키기 위해서는 농촌체험관광에 대한 이해와 자원에 대한 확실한 인식이 필요하다.

농촌체험관광은 농촌에서 땀을 흘리면서 하는 농사일과 농촌사회가 보유하고 있는 향토문화 자체를 농민들과 공유하는 체험활동이다. 일반적으로 관광은 편하게 쉬고 노는 활동으로 인식하고 있으며 각종 편익 서비스를 받는 데 익숙해져 있다. 그러나 농촌체험관광은 노동의 현장인 농촌에서 일의 대명사인 농사일을 농부들과 함께 하고자 농촌을 방문하는 행위로 특징지을 수 있다. 외지인이 농촌을 방문하여 지역주민의 서비스를 받는다는 점에서는 일반관광 서비스와 비슷하지만 농촌체험의 활동내용으로 보면 농사일, 즉 노동을 체험하기 위해 농촌을 방문하는 것이므로 일반관광활동과는 근본적으로 차이가 있다.

일반관광은 관광지에서 발생하는 활동이나, 농촌체험관광은 농사일을 하는 농촌에서 일어난다. 일반관광객은 철저하게 관광 서비스를 받으며 자신이 좋아하는 활동만을 선별해서 할 수 있다. 농촌체험객은 농사일을 거들거나 체험하면서 노동의 일부를 농부와 함께 수행하는 활동이다. 그러므로 농촌체험객은 일시적이지만 자발적으로 일꾼이 되고자 농촌을 방문하는 사람이라 할 수 있다. 농촌체험 관광객은 한시적인 농부로 분류되어야 하며, 농촌에서 하고자 하는 체험은 농업 그 자체이어야 한다.

농사를 짓기 위해 땅을 갈고, 씨앗을 뿌리고, 잡초를 뽑으며, 정성스럽게 작물을 재배하다가 수확기에는 농산물을 거두는 농사의 전 과정이 체험관광의 대상이 된다. 그러므로 농촌체험활동은 농부가 1년 농사활동을 계획하는 영농일지에 따라 이루어져야 하고, 이 모든 활동은 방문객의 의도에 따라 결정되는 것이 아니라 농업전문가인 농민의 작업일정에 따라 수동적으로 수행되어야 한다. 농촌체험활동은 자연의 순리를 따라야 이루어지며, 지역의 여건에 따라 오래 전부터 선정되어 왔던 작부체계에 의거해서 체험의 대상이 결정된다. 자연히 농사를 짓는 대상이나 방법, 그리고 그 농민들의 삶의 현장을 총망라한 농촌문화 자체가 도시민의 체험대상이 될 수밖에 없다.

농사일은 대표적인 노동으로 여가활동과는 근본적으로 대치되는 개념이다. 하지만 어떤 활동을 하느냐보다는 개인의 여건에 따라 자신의 스트레스를 적정하게 해소하는 방법이 여가활동이 될 수 있다는 새로운 여가 개념에 의해서는 땀을 흘리는 일 자체도 여가활동으로 분류된다. 이와 같은 관점에서 도시민이 복잡한 도시생활 환경에서 탈피하여 땀을 흘리는 농사체험에 참가하는 여가활동은 도시민의 새로운 관광여가활동이라 할 수 있다.

농촌관광은 도시민을 대상으로 하는 체험사업이며, 농촌문화를 근간으로 농민이 주관하는 사업이다. 농촌체험관광의 도입은 농촌 산업구조를 농업에서 관광서비스업으로 바꾸자는 것이 아니다. 부분적으로 관광 서비스 기능이 보완되기는 하지만 농업 그 자체가 농촌관광의 중요한 핵심 자원이다. 그러므로 도시민은 농촌(마을)을 방문하여 논밭에서 농사일을 하고 싶어하는 욕구를 만족시키는 것이다. 농촌체험관광은 도시민이 일시적으로, 또는 부분적으로 농부가 되고 싶어하는 욕구에 대응하는 사업이다. 그러므로 농촌체험사업을 하고자 하는 농민은 자신들이 가지고 있는 농사기술을 버리고 농촌을 떠날 필요가 없으며, 그리고 농사일의 가치를 평가절하할 필요는 더더욱 없다.

1) 농촌의 가치 이해

(1) 농촌과 농업이 없이는 우리의 건강은 보장될 수 없다

요즈음 환경문제와 더불어서 건강을 위협하는 수많은 공포로부터 우리 자신을 지키는 노력들이 마치 생존투쟁을 연상하게 한다. 맑은 공기, 깨끗한 물, 그리고 오염되지 않은 안전한 농산물을 구하기 위한 노력은 이제는 삶의 질적 수준을 결정하는 중요한 인자로 인식되고 있다. 아무리 과학이 발달한 사회라고 할지라도 땅에서 생산되는 농산물이 없이 살아갈 수 없고, 건강하고 안전하게 생산되는 우리 농산물이 아니고는 우리의 건강을 유지하기도 힘들어지고 있다. 농업이 상대적으로 중요하게 인식되지 못한 사회라 할지라도 농업 그 자체의 가치가 낮아지거나 없어지는 것은 아니다. 수입농산물에 비해 우리 농산물에 대한 선호도와 신뢰가 높은 것은 아직도 우리 농촌, 우리 농업의 기능에 대한 기대가 높은 것이라고 할 수 있다.

도시에서는 건강 관련 음식점들이 성황을 이루고 있다. 일반적으로 성인건강에 좋다는 전국 각지의 전통음식들이 체인점사업에 진출할 정도로 인기가 좋다. 그러나 메뉴에서 등장하는 요리들은 농촌에서 농민들이 전통적으로 먹어 왔던 음식들이 많다. 곤드레비빔밥이나 각종 나물과 채소가 곁들인 음식들은 식량이 부족하였을 때 음식량을 늘리기 위해 궁여지책으로 해 먹었던 농민들의 음식임을 부인할 수 없다. 오모가리 김치찌개는 농촌에서 마을잔치가 있을 때 많은 사람들이 먹기 위해 가마솥에다 묵은 김치를 썰어 넣고 돼지고기와 함께 끓인 돼지김치국이 발전해서 전국적인 체인점을 이루고 있다. 양념을 대충 넣어서 담근 할머니 김치나 시골주민들이 담근 된장, 고추장 그리고 간장이 그렇다. 결국 도시민들에게 관심이 많은 건강식은 우리 농촌에서 전통적으로 먹어 왔고, 지금도 그렇게 요리되는 음식에서 그 기원을 찾고 있다고 해도 과언이 아니다.

농촌의 환경은 도시환경에 비교되지 않을 만큼 자연환경이 깨끗한 곳이다. 폐비닐이나 폐기된 농약병, 그리고 축산업으로 오염되는 마을 앞 저수지 등의 언론보도로 농촌환경의 오염이 부각되기도 하지만 농촌의 자연환경은 도시환경에 비해 훨씬 나은 편이다. 각종 오염환경으로부터 보호받을 수 있는 생활공간이 농촌이라는 인식 때문에 도시 외곽의 전원주택을 선호하는 도시민이 증가하고 있다. 결국 농촌마을이 여전히 훌륭한 환경자원이라는 뜻으로 풀이된다.

농촌의 공익적 기능에 대한 관심이 고조되고 있다. 다양한 시각에서 농촌의 가치를 재인식하고 있으나 국가적인 환경재난인 홍수를 비롯한 기후변화에 따른 재앙을 예방하는 농촌의 역할이 과소평가되어서는 안 된다. 예를 들어, 논의 기능은 벼를 재배하는 기간 동안 엄청난 양의 수량을 보유하고 있어 결과적으로는 수많은 소규모 저류지를 확보하는 효과를 나타내고 있다. 여름에 집중되는 강수에 의한 홍수나 침수의 피해를 줄이는 효과를 비롯하여, 마을 주변의 크고 작은 언덕이나 야산들은 거시적으로 국가적인 환경피해를 저감하는 환경녹지 역할을 하고 있다.

(2) 농촌은 사회적으로 건강한 곳이다

예전 같지는 않겠지만 우리나라의 농촌은 아직도 강한 공동체 의식이 남아 있는 곳이다. 개인주의로 이웃도 믿지 못하게 삭막해진 도시의 인간성 회복 차원에서 농촌사회의 가치가 부각되어야 한다. 이웃에 살고 있는 사람이 누구인지, 식구는 몇 명이며, 무슨 일을 하고 있는 것이지 전혀 모르고 사는 도시환경하고는 다르게 농촌마을 사람들은 서로 잘 알고 있기 때문에 잡다한 범죄행위가 거의 없다. 일단 서로 믿고 인정해 주는 공동체적인 삶이 영유될 수 있는 곳이라 할 수 있다. 귀농해서 살고 있는 도시민의 어린 자녀들이 자유롭고 안전하게 생활하는 환경에 특히 만족하는 이유도 바로 사회적으로 건강한 농촌마을의 환경 때문일 것이다.

사 례

1980년대에 잘 아는 서울의 한 대학교수가 유치원을 다녀야 하는 아들과 딸을 데리고 의정부시 근처에 있는 농촌으로 이사를 갔다. 대부분 유치원에 보내야 할 아이들이 있는 경우 농촌에서 도시로 나오는 경우는 많이 보았지만 이렇게 역으로 농촌으로 들어가는 경우가 이상하였다. 이유를 묻는 나의 질문에 대한 교수의 답변은 간단하였다. "애들이 안전하게 놀 수 있는 공긴은 농촌밖에 없다. 애들이 마을을 돌아다녀도 동네사람들이 다 알고 챙겨 주기 때문에 부모들이 걱정할 필요가 없다. 끼니 때가 되면 이 집에서 삶은 감자를 나누어 주고,

저 집에 가면 자기들이 먹으려고 삶아 놓은 옥수수를 같이 먹는다. 자기 식구들 같이 관심을 가져 주는 공동체에서 자식들이 잘 살았으면 좋겠다는 판단에 농촌으로 들어간다"는 것이었다.

오래된 이야기지만 요즈음에 그 의미가 새롭게 다가온다. 유치원을 다녀야 할 남매를 데리고 농촌으로 이사를 간 그 이야기는 바로 가평의 '아침고요수목원'을 만들었던 한상경 교수의 젊었을 때 이야기이다.

(3) 농촌은 살아 있는 교육의 장이다

요즈음 도시에서는 지식 위주의 교육보다는 현장체험 교육의 필요성이 강조되고 있으며, 젊은 부모들은 자녀들과 함께 현장교육에 적극적으로 참여하려는 경향이 있다. 도시에서 자연생태계를 체험할 수 있는 생태공원을 조성하고, 자연생태하천 복원과 같은 작업들이 이루어지고 있으며, 생태체험을 지도하는 전문가들의 활동이 활발하게 일어나고 있다. 공원이용 프로그램 중에서 자연생태체험 프로그램의 비중이 큰 것도 바로 자연환경의 가치를 재인식하는 시대변화와 그 맥을 함께 하고 있다.

도시에서 인공적으로 만들어지는 도시생태공원에 비해 농촌은 자연생태환경을 체험하는 살아 있는 교육의 장이다. 지금의 부모들이 초등학교를 다녔을 시절의 자연시간의 관찰학습이 생각난다. 학급당 학생수가 많아서 밖으로 나간다는 것은 상상을 할 수 없는 시절 자연관찰 실습은 거의 교실에서 이루어졌다. 접시에 솜을 얹고 물을 잘박잘박하게 뿌린 다음 콩도 올려놓고, 보리씨도 뿌려서 창가 양지바른 곳에 놓아 두었다. 물병에 양파를 올려놓거나, 고구마를 올려놓은 경우도 있었다. 그리고 시간이 지남에 따라 싹은 언제 나고, 뿌리는 언제 돋았는가를 관찰하면서 기록에 남겼다. 이것이 당시 자연실습의 거의 전부였다.

요즈음은 개별적으로나 학급단위로 농촌을 간다. 농촌의 논밭에서는 농작물이 자라는 것도 관찰하고, 들녘에서는 각종 식물들과 들꽃들을 본다. 그리고 곤충들을 잡고 만져 보면서 관찰을 한다. 민물고기의 종류나 살아가는 생태환경을 공부하기 위해서는 동네 냇가로 가면 되고, 산림생태환경을 알고 싶으면 마을 뒷산을 올라가면 된다. 물론 전통문화나 향토자원에 관한 사회공부를 하려면 동네를 둘러보면 되고 마을주민들의 생활상을 보면 된다. 초등학교 교과 과정에서 배우는 자연과 사회 부분을 농촌마을에서 농사일을 체험하면서 보고 들을 수 있다.

(4) 농촌은 향토문화의 보물창고다

산업화와 도시화의 과정에서 우리의 정서는 너무나 피폐해졌으며, 서구 문화가 무분별하게 수용되면서 우리의 전통이나 향토문화는 상실되어 왔다. 이것은 전통적인 공동체 의식의 손상과 향토문화에 대한 이해 부족에서 비롯된 결과로 본다. 향토문화는 주변의 곳곳에 흩어져 있는 우리 조상들의 삶의 흔적이다. 도시에서는 이미 훼손되거나 상실되어 그 흔적을 찾기가 쉽지 않지만 아직도 농촌에는 그 흔적들이 많이 남아 있어 그나마 다행이다. 농촌은 향토문화의 보고로 각 지역의 특색 있고 고유한 전통문화를 체험하고 그 가치를 재인식할 수 있는 의미 있는 곳이다.

대도시 주변에는 향토나 전통이라는 이름을 달고 있는 음식점과 찻집이 많이 있다. 전원에 위치해서 그렇겠지만 건물의 외형도 천편일률적인 도시형 건물과 비교해서 자연스러운 멋이 있다. 전통가옥 형식을 갖추고 있는 곳도 많이 있다. 건축소재도 다양하지만 주로 통나무를 비롯한 자연소재로 마감처리되어 있는 경우가 많다. 그러나 어떤 형식을 갖추고 있는 건물이라도 내부의 장식품은 전통적인 민속자료들이 진열되어 있다. 농촌에서 볼 수 있는 생활용품들이 대부분인데 아직도 농가에서는 사용되고 있는 것들도 보인다. 도시 주변의 가게에 인위적으로 진열된 민예품이나 생활용품들은 농촌마을에서는 아직도 볼 수 있는 흔한 물품들이다. 그래서 농촌은 향토문화의 보고라고 할 수 있다.

(5) 농촌은 미래의 휴양지다

도시생활에서 여가활동은 단순히 '논다', '쉰다'라는 부정적인 시각에서 벗어나 삶의 활력을 재충전하는 필연적이고 긍정적인 인식으로 전환되고 있다. 경치가 좋은 곳에서 편하게 쉬는 단순한 여가활동에서 탈피하여 자연과의 접촉을 늘리고, 자신의 건강을 증진시키며, 향토문화와 전통적인 생활양식에 접해 보려는 휴양 욕구가 늘어나고 있다. 관광농업이나 산림휴양, 생태관광, 관광어촌, 그리고 생태산촌마을 개발 등 새로운 여가활동 개념이 도입된 것도 도시의 단조로운 생활로부터 탈출하여 편하고 건강하게 쉬고 싶은 도시민의 여가에 대한 인식의 변화라고 볼 수 있다.

대도시 주변에는 전원주택단지들이 조성되어 있다. 별장과 같은 용도로 사용하는 사람도 있고, 전원주택에서 거주하면서 직장으로 출퇴근하는 사람들도 있어 농촌지역이 건강한 주거환경으로 각광을 받고 있다. 농어산촌지역에 도시민들이 입주하는 형식은 초기에는 별장이 주를 이루었다. 그 이후로 전원주택단지가 대규모로 조성되기 시작하였으나 부동산 열기가 식으면서 전원주택 구매 열기가 식었다. 그러는 동안 농가주택 개념과 함께 도입된 펜션단지 조성 붐으로 인해 미분양 상태의 전원주택단지들이 손쉽게 분양되는 현상을 맞게 되었다. 지금은 클라인 가르텐과 같이 주말농장이 딸린 전원주택단지가 조성되면서 농촌지역의 휴양지 기능을 확고하게 정립시켜 나가고 있다.

2) 도시문제 해결 대안으로 본 농촌

시대의 흐름에 따라 농촌환경도 도시화의 양상을 띠면서 농촌마을의 외형이나 기능 그 자체가 문제점을 안고 있지만, 도시에서 야기되는 문제들의 해결방안을 찾을 수 있는 곳이 농촌이다. 최근 들어 도시 근교를 중심으로 전원주택 개발이 각광을 받고 있고, 가족단위로 농사를 지을 수 있는 주말농장이 순조롭게 분양되는 것은 농촌에 대한 가치를 인정받는다는 긍정적인 징조라 할 수 있다. 그러므로 농촌체험관광과 농산물 직거래와 같은 도농교류사업은 단순히 농촌경제문제를 해결하기 위한 대안이라기보다는 역으로 도시문제를 완화시키기 위한 새로운 사업으로 해석되어야 한다.

도농교류사업 중에서 대표적인 상품 중의 하나인 농촌체험관광은 관광과 농업이라는 서로 상반된 개념이 결합한 합성어로 농촌의 잠재력을 새롭게 정립하지 않으면 설명될 수가 없는 복합명사이다. 일하지 않고 쉰다는 개념의 '관광'과 일하는 노동의 대명사인 '농업'이 서로 결합하여 새로운 의미를 내포하는 것은 여가활동의 새로운 장으로 농촌의 가능성을 대변하는 것이다.

도시민은 농사일에 참여하여 신체적인 건강을 얻을 수 있고, 가족들이 농산물을 가꾸면서 가족의 유대감을 돈독히 하며, 오염으로부터 안전한 농산물을 수확할 수 있는 즐거움까지 동시에 얻을 수 있다. 특히, 우리의 농촌은 전통적인 공동체 의식이 아직도 남아 있는 곳으로 이웃의 정을 농촌주민으로부터 느낄 수 있는 정신적 안식처이기도 하다. 그러므로 도농 간의 교류를 통해 얻을 수 있는 다양한 이점들은 농촌체험관광이 추구하는 목적이기도 하다. 농촌체험관광은 농촌을 대상으로 개발된 하나의 관광상품이라기보다는 농촌문화 그 자체가 상품이 되는 종합적인 개념으로 이해되어야 한다.

3) 농촌체험관광을 위한 농촌의 요건

농촌체험관광을 통해 도시와 농촌 간의 교류를 증대하기 위해서는 농촌은 농촌다워야 하며, 도시민은 농촌에 대한 가치를 새롭게 이해해야 한다. 도농교류의 활성화를 위하여 농촌에서는 다음과 같은 요건을 갖추어야 한다.

(1) 농업생산구조와 농촌마을의 틀 유지

농촌에 관광 서비스 개념이 도입되었다고 해서 농촌의 기능을 잃게 되면 기존의 관광지와 다를 바 없고, 동시에 전문화된 관광사업과의 경쟁에서도 살아날 수가 없다. 농촌이 새로운 여가공간으로서의 경쟁력 강화를 위해서는 다음과 같은 요소가 갖추어져야 한다.

① 농촌 본래의 기능이 되살아나야 한다. 즉, 농업에서 관광업으로 업종을 바꾸는 것이 아니라 농업의 기존 기능을 새롭게 활성화시켜야 한다. 농촌체험사업이 성공하기 위해서는 농업생산활동이 지속되어야 하며, 일부 체험사업 운영기법상 관광기능을 도입하는 것이다.

② 농촌의 환경은 청정해야 한다. 도시를 떠나 농촌체험관광을 즐기려는 도시민들은 오염된 도시환경에서 탈피하고자 하는 욕구를 가지고 있다. 만일 농촌마을이 도시와 같이 환경오염으로 훼손되어 있다면 도시민들이 농촌생활의 불편을 감수하면서까지 농촌마을을 방문하지는 않을 것이다. 그러므로 농촌이 반드시 도시와는 차별화될 수 있는 청정환경을 유지해야 한다.

③ 안전한 수확물을 거두는 농사법을 장려해야 한다. 농촌체험관광을 수용한 농촌에서는 유기농법을 도입해서 농산물이 환경유해물질로

부터 보호되어야 한다. 생산성 향상 위주의 일반농법에서 벗어나 고품질 · 친환경 농산물 생산으로 도시민의 농산물에 대한 불안감을 해소시켜야 한다.

④ 전통적인 농촌문화를 발굴해야 한다. 삭막해져 가는 도시와 차별화될 수 있는 향토문화를 발굴하고 재구성하는 것이 도시와 농촌의 균형을 이루는 지름길이다. 향토학자들의 적극적인 도움이 필요하다.

⑤ 농촌체험관광은 조성하는 것이 아니라 농촌을 가꾸는 결과물이어야 한다. 농촌의 주택을 개량하고 정주환경을 개선하는 사업들은 도시환경을 흉내내는 개발방식을 따르기보다는 자기 고장이 다른 지역과 확실하게 차별화될 수 있도록 창의적인 방향으로 나아가야 한다.

(2) 농촌마을의 농촌다움

농촌에 관광이나 휴양의 개념을 도입하는 것은 농촌의 기본 구조를 기반으로 방문객을 위한 일부 관광 서비스 개념을 도입한 것이지 관광이 본업이 되는 것은 아니다. 농촌체험관광은 관광농업이나 관광어업 등과 같이 도시인의 새로운 관광욕구를 수용해야 하지만 농촌마을의 전통공간에서 얻을 수 있는 농촌생활의 따뜻한 인정을 함께 느낄 수 있어야 한다. 농촌지역 주민들이 도시의 아파트와 같이 편안한 생활을 원하고, 농촌은 전근대적이고 경제력이 없는 곳이라며 비하하면서 틈만 있으면 도시로 탈출하려고 한다면 농촌마을의 가치를 농민 스스로 인정하지 않는 것과 같다. 그러한 현상은 도시인들이 접하고자 하고, 의미를 얻고자 하는 농촌을 농민 스스로 거부하는 것이 된다. 농촌이 농민 스스로에게 만족스럽지 못한 환경으로 평가받는다면 농촌체험관광은 성공할 수 없다. 농촌은 농촌다워야 하며, 그 결과 도시와 차별화된 모습을 갖출 수 있을 때에야 농촌의 경쟁력이 더욱 강해진다. 결국 농민의 농촌에 대한 자존심을 강화하는 노력이 필요하다.

(3) 주민들의 사업에 대한 강한 의지와 노력

전국적으로 산재해 있는 수많은 마을들이 모두 농촌체험관광으로 성공할 수는 없다. 마을주민들이 강한 의지를 가지고 스스로 자생력을 키우는 마을들은 농촌체험관광으로 성공할 수 있다. 특히, 준비가 철저한 마을일수록 체험사업을 성공시킬 수 있는 확률이 높아진다. 그 동안 관광농업은 농가별 대책이었다면 농촌체험관광은 마을단위별 공동사업으로 추진되고 있으며, 그것이 바로 사업의 성격상 공동체 의식이 강조된 이유이기도 하다.

농촌체험관광은 개발주체가 중앙정부에서 지방자치단체나 주민에게 이양되었기 때문에 지역실정을 잘 이해하는 기조에서 사업계획이 수립되어야 한다. 그리고 지역주민이 적극적으로 참여해야 한다. 단기간의 임기응변적인 사업이 아니라 오랜 기간 동안 체계적인 준비단계를 거쳐 마을별 독창적인 상품이 개발되어야 한다. 사업자금의 지원 여부나 사업규모의 크기를 떠나 마을별로 경쟁력을 강화해야 한다. 결국 주민들의 노력 여부에 따라 마을공동사업의 성패가 좌우된다.

(4) 도시민과의 이해 폭 확대

농촌주민과 도시민이 도농교류사업을 이해하고 긴밀하게 협조하는 과정에서 농촌과 도시가 하나의 공동체로 인식되어야 한다. 물리적으로는 서로 떨어져 있지만 농촌주민들이 바라는 요구사항과 도시인이 추구하는 욕구의 격차가 다양한 경로를 통해 지속적으로 조율되어야 한다. 그 접근단계는 ① 농촌의 문제를 공동의 화두로 인식하는 것이고, ② 문제해결의 공동목표를 설정하여, ③ 농촌체험관광사업이 농촌마을에 정착되기까지 지속적으로 연구하고 발전시키는 인내의 과정이 필요하다.

4) 농촌체험관광은 새로운 농촌소득사업 모델이다

농촌체험관광은 미래의 농촌소득사업 모델이 될 것으로 예상된다. 앞으로 농촌의 소득은 단순한 농업소득에 의존하기보다는 농촌체험이나 농산물 직거래 등과 같은 도농교류 증대를 통한 종합소득, 즉 농업소득과 농외소득에 의해 커질 것으로 전망된다. 농촌의 기능과 역할이 변하고 있으며, 도농교류나 농촌체험 관련 사업, 그리고 농촌휴양에 대한 관심이 커짐에 따라 농외소득에 대한 관심이 높아지고 있다. 도시민, 특히 청소년을 비롯한 가족 중심의 농촌체험활동 프로그램의 확대를 통해 체험 관련 농외소득이 증가하고, 농촌 방문객의 증가에 따라 마을에서 생산되는 농산물의 구매가 자연스럽게 증가하여 농업소득이 동시에 증가하게 될 것이다.

외갓집이나 고향마을과 같은 농촌마을에서 건강한 휴식을 취하고 싶은 농촌휴양문화가 정착되면서 농촌휴양과 관련된 또 다른 농외소득이 증가될 것이다. 현재 농촌체험을 중심으로 활성화되고 있는 마을의 경우 유기농업을 장려하고, 마을에서 생산된 농산물을 방문객과 도시고객에게 전시판매하는 기능을 보완하여 농업소득을 올리는 마을이 증가하고 있다. 앞으로 농촌에서는 기존의 농업기반과 농사기술을 근간으로 한 체험사업과, 체류형 주말농장사업과 같은 새로운 형태의 휴양산업을 통한 농외소득사업이 발달할 것이다.

3. 1사1촌운동의 역할

농촌마을 활성화를 돕기 위한 범사회적인 운동으로 1사1촌운동이 전개되고 있다. 농촌마을과 도시(회사)가 서로 돕고 상생하고자 하는 의도의 운동으로 마을 발전에 실질적인 도움을 주는 경우가 많이 있다. 1사1촌운동은 도농교류사업의 일환으로 긍정적인 부분이 많이 있다. 그러나 기업이 농촌을 형식적으로 도와야 하고, 농촌은 도시의 도움을 기다리고 있는 개념으로 잘못 이해한 결과 부작용도 발생하고 있다.

1) 어의적 의미

1사1촌운동은 그 동안 우리에게 익숙해 있는 1사1산운동이나 1사1하천운동과 같은 개념을 연상하게 한다. 1사1산운동이나 1사1하천운동은 환경보호활동의 일환으로 시행되었던 사회 · 환경 운동이다. 산이나 하천의 소유는 국가에 있지만 관리의 책임을 회사나 단체에 부여하여 잘 관리하는 사회적 책임을 분담하는 운동이다.

환경운동에서 도입되었던 1사1산운동이나 1사1하천운동은 공익적 가치가 높은 자연을 효율적으로 관리하기 위해 공공재산의 관리권을 개인이나 개별회사에 부여함으로써 개인재산을 관리하듯이 관심을 갖자는 취지에서 시행되었다. 즉, 개인의 재산은 아끼면서도 주인이 없는 공공의 공간에서는 개인의 편의만을 염두에 둔다든지, 다른 사람이나 관리기관에서 관리를 할 것이라며 책임을 회피하려는 무관심에 의한 환경훼손행위를 저감하기 위한 제도이다. 일종의 관리책임구간(adopted area)을 도입하는 제도로 공공재산의 관리구간에 개인이나 회사의 명칭을 표시하고 책임소재를 분명히 하는 제도라고 할 수 있다.

1사1촌운동도 농촌의 현황을 국가적인 위기상황으로 인식하면서 농촌을 그대로 방치할 수 없다는 문제의식에서 시작되었다고 볼 수 있다. 국가적이고 사회적인 문제로 등장하게 되는 농촌의 현실을 농촌에서 거주하고 있는 농민에게만 맡겨 둔다는 것은 일종의 사회에 대한 무책임한 행동이라고 규정하는 것이다. 즉, 농촌의 자원을 공공가치가 큰 국가재산으로 평가하고 국민 모두가 관심을 가지고 관리하자는 사회적 책임감(social responsibility)를 강조하는 사업이다. 그러므로 경제적으로 여유가 있는 도시, 그것도 기업이나 단체가 개별농촌과 자매결연을 맺고 서로 상생할 수 있는 교류를 통하여 농촌이 직면하고 있는 위기를 극복하자는 뜻으로 해석할 수 있다.

2) 농촌의 공익적 가치

(1) 자연환경적 측면

환경에 대한 관심이 커지면서 농촌의 자연환경 보존 기능과 그 가치에 대한 국민들의 인식이 바뀌고 있다. 농촌의 수자원 함양 기능, 아름다운 경관 제공, 대기를 정화시키는 기능, 생태계 유지 및 유전자원 보존 기능, 그리고 토양 유실 및 홍수방지 기능이 바로 자연환경적 측면에서의 농촌의 공익적 기능이다. 이 밖에도 수확 후 버려지는 농산물이나 음식폐기물을 가축의 사료나 비료로 재활용함으로써 농산자원을 순환 재생하고 국토의 효율적인 관리를 가능하게 하는 기능도 자연환경적 측면에서의 가치라고 할 수 있다.

(2) 사회문화적 측면

사회문화적 측면에서의 대표적 기능은 전통문화 보존 기능이다. 명절의 세시풍속과 전통문화적 요소는 농업, 농촌과 밀접한 관계를 가지고 있다. 이러한 이유로 전통문화는 도시보다는 농촌에서 보다 쉽게 유지 · 보존될 수 있다. 국민정서의 순환 기능 또한 사회 · 문화적 측면에서의 공익적 기능이다. 국민정서를 안정시키는 데 있어 농업과 농촌은 절대적으로 필요한 존재이다. 이 밖에도 생활에 찌들고 지친 몸을 쉴 수 있는 공간, 병약자들을 위한 휴양과 요양공간을 제공해 주는 보건 휴양 기능, 부족한 노동력을 공급하고 실업자를 구제하는 등의 도시문제 해결 기능, 그리고 환경과 자연교육의 장으로서의 기능이 사회문화적 측면에서의 공익적 가치이다.

(3) 경제적 측면

경제적 측면에서 가장 먼저 생각해 볼 수 있는 기능은 식량공급 기능이다. 이는 농촌의 공익적 기능 10대 항목 중 첫 번째 항목이기도 하다. 안정적인 식량 생산과 공급 기능은 국가경제를 좌우하는 중요 요소일 뿐만 아니라 정치 · 사회적으로도 중요한 요소이다. 농산물이나 공업원료 수입대체를 통해 외화를 절약하는 등 국가경제 발전에 기여하는 기능도 빼놓을 수 없다. 농촌은 국민생활에 기본이 되는 식생활을 위시한 각종 생활자원과 산업자원까지 공급하고 있다.

3) 환경문제와 농촌문제의 차이

자연생태자원의 중요성이나 농촌의 사회적 가치의 비중을 새롭게 조명하고 공공재산을 개인재산을 관리하듯이 전 국민이 관심을 가져야 한다는 측면에서는 별다른 이의가 있을 수 없다. 그러나 관리의 책임의식을 가져야 할 회사, 즉 호혜자의 입장과 보호와 관심의 대상이 되어야 할 자연환경이나 농촌, 즉 수혜자의 상호관계는 새롭게 정립되어야 한다. 사람과 비인간의 관계가 일방적인 관계라고 할 수 있지만, 도시와 농촌, 회사와 마을의 관계는 쌍방적 관계라고 할 수 있다.

자연환경을 대상으로 하는 1사1산운동이나 1사1하천운동의 경우 호혜자는 사람이며, 직접적인 수혜대상은 자연이다. 인간과 비인간의 관계에서 서로의 관계는 일방적인 관계가 될 수밖에 없다. 이런 경우 자연에 직접적으로 베풀 수 있는 사람이 자연에 더 많은 관심과 시간을 투자할수록 그 효과는 더 커진다. 환경관리에 소요되는 예산투입이나 환경보호와 관리를 위해 투입되는 인적 자원의 규모, 그리고 개별적으로 가질 수 있는 환경사랑의식과 환경훼손을 극소화시키려는 노력들을 많이 투여할수록 자연은 더 좋아질 것이므로 사람주도적인 관점에서 일방적인 관계가 성립된다.

도시와 농촌의 문제는 어느 한 쪽의 일방적인 관심과 노력에 의해 해결되기보다는 서로의 입장을 이해하고 서로의 역할을 명확하게 할 필요가 있다. 도시와 농촌, 회사와 마을의 관계는 사회와 사회, 그리고 사람과 사람의 관계이므로 한 쪽의 관심과 노력에 비례해서 다른 한 쪽이 좋아진다고 보기보다는 서로의 이해와 관심이 균형을 이룰 때 상호교류의 성과를 얻을 수 있다. 도시나 회사가 여건이 좋지 않은 농촌을 도와 준다고 일방적인 호혜자를 자처하는 행동으로 농촌사람의 자존심에 손상을 준다든가, 농촌은 여건이 더 낫다는 도시나 회사로부터 보다 큰 도움을 받으려는 일방적인 수혜자로 남는다면 도시와 농촌이 상생하고자 하는 본래의 취지를 성취할 수 없게 된다. 도움을 줄 수 있는 여건에 있는 회사의 경우 농촌의 문제를 자신의 어려움으로 인식하는 동반자적인 자세를 가져야 하며, 농촌은 회사의 도움을 촉매제로 활용하여 농촌의 새로운 활로를 모색하는 사업을 능동적으로 개발하는 노력을 해야 한다.

4) 1사1촌운동의 역할

(1) 1사1촌운동은 촉매사업이다

1사1촌운동은 이미 시행되고 있는 각종 농촌관광 관련 사업을 촉진하는 촉매제 성격을 가지고 있다. 여건이 열악한 농촌의 경우 새로운 사회변화에 적응할 수 있는 사업을 자발적으로 수립하고 추진할 수 있는 여력이 부족하다. 마을에 따라서는 도농교류사업을 성공적으로 추진하고 있는 곳도 있지만 모든 마을이 이와 같은 시대의 흐름에 순응하고 있다고 보기는 어렵다.

1사1촌운동은 마을과 회사나 단체를 연결시킴으로써 도농교류의 훈련을 통해 마을에 활력을 불어 넣는 사업이라고 본다. 1사1촌운동으로 마을을 방문하는 사람들이 늘어나고, 각종 교류가 증가함에 따라 마을 스스로 자기 마을의 특성에 적합한 추가 사업을 추진하는 계기를 마련하게 되기를 희망하는 사업이라고 본다. 그리고 주민들은 1사1촌사업을 통해 마을에 방문하는 도시민을 맞이하고, 체험사업을 시범적으로 운영해 봄으로써 새롭고 더 큰 마을사업으로 연결시키는 계기가 될 것이다.

(2) 1사1촌운동은 단순한 농산물 구매를 돕는 사업만은 아니다

1사1촌운동은 마을의 여건이나 자매를 맺고 있는 회사의 역할에 따라 다양한 단계의 사업으로 발전되고 있다. 1차적으로는 회사에서 자매결연을 맺은 마을의 농산물을 구매하여 마을소득에 도움을 주는 것을 시작한다. 또는 회사 직원의 가족들의 농촌체험사업이 이루어지고 있거나, 농촌봉사활동을 통하여 농촌의 일손을 돕는 일도 이루어진다. 그러나 대부분의 농촌의 경우 1차적인 단계인 농산물 판매에 관심을 갖고 있는 나머지 이웃마을의 자매회사와 비교해서 자신의 마을과 결연을 하고 있는 회사에서 농산물을 더 많이 구매해 주기를 바라고 있는 마을도 있다. 농촌마을의 주민들이 수동적으로 회사의 처분을 기대하고 있는 모양새다. 회사나 단체의 경우에도 형식적인 방문이나 일시적인 농산물 구매, 그리고 즉흥적인 봉사활동의 수준을 벗어나지 못하는 경우도 많이 있다.

1사1촌운동은 도농교류사업의 촉매역할로 다양한 농촌소득 증대를 위한 사업들과 연계되어야 한다. 1사1촌운동은 1차적으로는 농산물 구매나 봉사활동과 같이 도움을 주고받는 것으로 시작할 수 있다. 그러나 지속적인 도농교류를 통해 농외소득으로는 농촌체험사업이 활성화되고, 농촌체험사업을 통해 늘어나는 방문객을 대상으로 농산물의 판매소득, 즉 농업소득이 증가되어야 한다. 전원적인 환경에서 휴양을 하고 싶어 하는 도시민을 위한 농촌휴양사업을 기획해서 귀농귀촌을 계획하는 도시민들까지 수용할 수 있는 결과를 유도해 내야 한다.

(3) 1사1촌운동은 마을방문객을 늘리는 사업이다

기존의 농촌체험관광 관련 사업의 목적은 마을에 많은 사람이 방문할 수 있는 여건을 만드는 일이다. 마을방문객을 증가시키는 것이 농촌관광사업의 일차적인 목적이라고 할 수 있으며, 1사1촌운동을 통해 회사나 단체의 마을방문이 시작되면서 장기적으로는 도시민들의 농촌방문을 극대화시키는 결과를 기대하고 있다. 방문객이 증가하면 마을 자체가 활기를 띠게 될 것이며, 체험사업을 통한 수입이나, 농산물 판매수입, 그리고 농촌휴양으로 인한 부가수입 등이 증가하여 마을의 소득이 직간접적으로 증가하는 결과를 초래할 것이다. 일차적으로는 농외소득이 증가하겠으나 농촌과 도시의 교류가 활성화됨에 따라 농촌에서 생산되는 건강하고 안전한 농산물 구매력이 증가되어 농업소득도 자연스럽게 올라가게 된다.

(4) 1사1촌운동은 농촌사회 바로세우기 운동이다

1사1촌운동은 단순한 소득촉진사업만은 아니다. 외형적으로는 농촌의 경제를 활성화시키는 수단으로 보일지는 모르지만 이 운동의 이면에는 농촌의 가치를 바르게 인식하고, 농촌의 문제를 국가 및 사회의 공동관심사로 부각시키며, 농촌사회 복원을 위한 사회운동으로 본다. 사회운동은 일방적인 관심이나 노력으로 성공할 수 없다. 농촌사회의 국가적인 가치를 재인식하고 도시와 농촌이 공동보조를 맞추어야 한다. 도시와 농촌이 기능은 서로 다르면서도 국가의 미래를 위한 각자의 역할이 동일하게 중요하다는 동반자적인 인식이 정립되어야 할 운동이다. 미래의 도시 발전을 위해서 진정한 동반자로서의 농민과 농촌의 성장을 기대하는 사회운동이다.

(5) 1사1촌운동은 도시와 농촌의 상생운동이다

도시가 어려운 농촌을 도와 주는 단순한 호혜적 성격은 진정한 1사1촌운동이 아니다. 거시적으로는 도시와 국가의 근간이 되는 농촌사회에 활력을 불어넣는 사업인 동시에 도시는 직간접적으로 건강하고 안전한 농산물을 저렴하게 구매할 수 있으며, 여가와 체험교육 측면에서는 농촌문화와 자연생태계의 체험을 통해 도시생활에서 결핍된 부분을 충족시킬 수 있다. 1사1촌운동은 그 동안 단절된 도시와 농촌이라는 이원적 인식을 바꾸어 상호 부족한 부분을 보완함으로써 농촌과 도시가 서로의 취약점을 충족시킬 수 있는 도농상생운동이라 할 수 있다.

5) 1사1촌운동, 서로 준비해야 하는 사업

(1) 농촌의 준비

농민 스스로 농촌자원의 가치를 인식하고 새로운 사회의 욕구와 미래의 농촌 기능에 대해 확신을 가져야 한다. 도농교류사업과 관련된 각종 사업을 검토하고, 자기 마을의 여건에 적합한(마을 자원, 인적 자원, 지리적 여건, 마을주민의 관심 등) 마을발전계획을 수립하여 마을사업을 단계적으로 추진해야 한다. 특히, 농촌은 도시나 회사의 도움에 의지하는 수동적인 자세에서 벗어나 농민 스스로 농촌문제를 해결하려는 적극적이고 긍정적인 자세를 가져야 한다. 정부나 지방자치단체에서는 도농교류사업을 촉진하기 위해 다양한 지원책을 수립하고 있다. 일단 마을주민들이 적극적으로 노력만 한다면 얼마든지 새로운 수익사업을 추진할 수 있다는 자신감을 가지고 마을대표를 중심으로 마을의 발전방안을 모색하여야 한다.

마을은 도시민을 맞이하기 위한 준비를 하고 다양한 현장실습을 통해 주민의 사업운영 능력을 키워야 한다. 일반적인 관광서비스사업과는 근본적인 차이가 있지만 처음 방문하는 도시민들은 농촌환경에 익숙하지 않기 때문에 처음부터 농촌을 완벽하게 이해하기를 기대해서는 안 된다. 자기 마을의 여건에 맞게 도시민들이 편안하게 지낼 수 있는 여건을 만들고, 단계적으로 마을사업을 발전시키는 여유를 가질 필요가 있다.

(2) 도시(회사)의 준비

도시민은 농촌을 단순히 도와 준다는 호혜자의 입장을 고수해서는 안 된다. 앞에서 언급하였듯이 외형적으로나 일시적으로는 경제적인 여건이 열악한 농촌을 도와 주는 역할을 하겠지만, 궁극적으로는 농촌과 도시, 그리고 우리나라 전체가 서로의 번영을 누리기 위한 미래지향적인 공동체운동임을 인식해야 한다. 단순히 농촌마을로 야유회나 관광을 가는 것으로 생각하는 자세에서 벗어나야 한다. 농촌을 돕는 단순한 봉사활동이 아니라 자신의 여가활동이나 자녀들의 체험교육을 위해서 자발적으로 농촌을 방문하고, 능동적으로 농촌체험활동에 참여하는 마음을 가져야 한다. 농촌을 위한 활동인 동시에 자신과 가족 모두를 위한 활동이라는 것을 인식해야 한다.

농촌마을을 방문할 때에는 마음의 자세와 준비를 철저히 해야 한다. 일반적인 관광활동에서 해수욕장을 가기 위해서는 물놀이에 적합한 준비를 하고, 등산이나 단풍관광을 가기 위해서는 산행에 적합한 준비를 한다. 마찬가지로 농촌을 방문하는 사람들은 농촌에서 해야 하는 활동, 즉 농촌체험활동을 하기에 적합한 준비를 해야 한다. 도시생활과 비교하여 불편한 농촌생활 여건도 감수할 수 있는 마음의 자세가 필요하다.

6) 1사1촌운동은 농촌마을 가꾸기 사업이다

1사1촌운동은 농촌마을의 기능을 발전시키고 자기 고장의 의미를 찾는 작업이다. 즉, 농촌의 자존심을 회복하는 일이다. 정부 차원에서 단순히 재원을 확보하고, 기업 차원에서 농촌을 도와 준다는 생각으로는 성공할 수 없는 사업이다. 우리는 호혜자와 수혜자의 관계에서 호혜자는 행복하고 수혜자는 고마워할 것이란 전제가 있다. 그러나 수혜자가 자존심을 상하고, 자생력을 잃을 때에는 호혜자나 수혜자 모두 더 큰 상처를 입는다. 우리의 농어촌은 일방적인 도움을 원하는 곳이 아니며, 그렇게 되어서도 안 된다. 정부나 지방자치단체, 그리고 1사1촌에 관심 있는 회사나 단체는 농촌마을 주민의 자존심을 세우는 사업이 되도록 도와야 한다. 동시에 마을주민들도 도움만 받으려는 의타심을 버려야 한다.

1사1촌운동은 단순히 마을소득 향상으로 성공 여부를 결정하는 사업이 아니라 농촌마을을 새롭게 만들고 가꾸는 일이다. 사라지는 우리 마을의 원형을 새로운 모델로 개발하고 발전시키는 일이며, 농촌, 어촌, 산촌의 문화를 가꾸는 작업이어야 한다. 이러한 작업의 근원에는 향토문화, 전통 공간, 삶의 틀을 재구성하는 노력이 필요하다.

1차적으로는 농민 스스로 강해지고 적극적으로 앞장서야 할 운동이다. 전문가는 도우미의 역할을 자임하고 농촌의 자생력을 키우는 데 도움을 주는 자세가 필요하다. 전문가들은 학술적인 연구대상으로서의 농촌문제를 보는 탁상공론적인 자세에서 벗어나 농민과 더불어 농촌의 문제 해결에 비중을 두는 사명감을 가져야 한다. 도시민들도 농촌문제의 어려움을 이해하고 우리 농산물 구매 등 경제적인 협조뿐만 아니라 자녀와 함께 각종 체험 프로그램에 참여하여 도시와 농촌이 유대관계를 넓힐 수 있는 노력이 필요하다.

4. 농촌체험 프로그램의 이해

1) 농촌체험 프로그램의 자원

농촌체험 프로그램은 농촌마을에서 이루어지고 있는 모든 활동을 대상으로 만들어진다. 농촌산업의 근간인 농업생산활동과 작물재배 과정을 포함해서 농촌생활, 즉 농촌문화가 농촌체험 프로그램의 자원이라고 정의하는 것이 바람직하다. 농촌마을에서 볼 수 있는 것은 모두 체험 프로그램의 대상이 된다는 뜻이다.

농민들은 농촌을 방문한 도시사람들이 힘든 농사일을 싫어할 것이라고 생각하며, 참여하더라도 농산물을 수확하는 일이나 편하고 손쉽게 하는 일을 좋아할 것이라는 선입견을 가지고 있다. 물론 도시민들은 힘든 농사일에 익숙하지 않기 때문에 힘들고 어려운 일을 좋아하지는 않는다. 그렇다고 농촌체험의 대상을 미리 규정하거나 분류하는 것은 체험 프로그램 자체를 이해하고 응용하는 데 바람직하지 않다.

농촌체험에 참여하여 수확물을 부수입으로 얻을 수 있는 농산물 채취 체험 프로그램이 인기가 있는 것은 사실이다. 그러나 모내기와 같이 농사일의 대표적인 노동도 농촌체험 프로그램의 대표적인 상품이라는 것을 볼 때 꼭 편하고 즐거운 일만이 농촌체험 프로그램의 대상으로 삼는 것은 위험한 생각이다. 농촌에서 이루어지는 거의 모든 활동들이 체험 프로그램의 대상으로 규정하고, 마을의 특성이나 주민들의 역량에 따라 주력 체험 프로그램을 발전시켜 나가는 것이 바람직하다. 그러나 체험용으로 적합한 작물은 서투른 체험객이 쉽고 재미있게 참여할 수 있는 것이 좋다. 반면에 가시덤불이 있어 체험시 다칠 우려가 있거나 고도의 기술을 요하는 재배방법들은 피하는 것이 좋다.

2) 체험 프로그램의 계획, 마을영농일지와 작부체계

농촌체험 프로그램으로 이용되는 자원은 마을에서 발생하는 모든 농업 활동과 마을이 지니고 있는 향토문화, 즉 마을주민의 삶의 흔적 모두가 포함된다. 농촌마을 체험활동은 농촌에서 농민들의 생활 모두를 체험대상으로 하는 사업으로 모든 농사활동을 대상으로 하는 것은 당연하다. 앞에서 논의하였듯이 "놀고 있다고 해서 다 노는 것이 아니며, 일하고 있다고 해서 다 일하는 노동이 아니다"라는 말을 이해하는 것과 같은 맥락이다. 즉, 사람에 따라서는 농촌에서 하는 힘든 노동도 도시민에게는 즐거운 여가활동이 될 수 있다는 뜻이다.

농촌체험 프로그램의 근간은 주민들의 영농내용을 담고 있는 마을영농

표 2-2 영농일지 예시

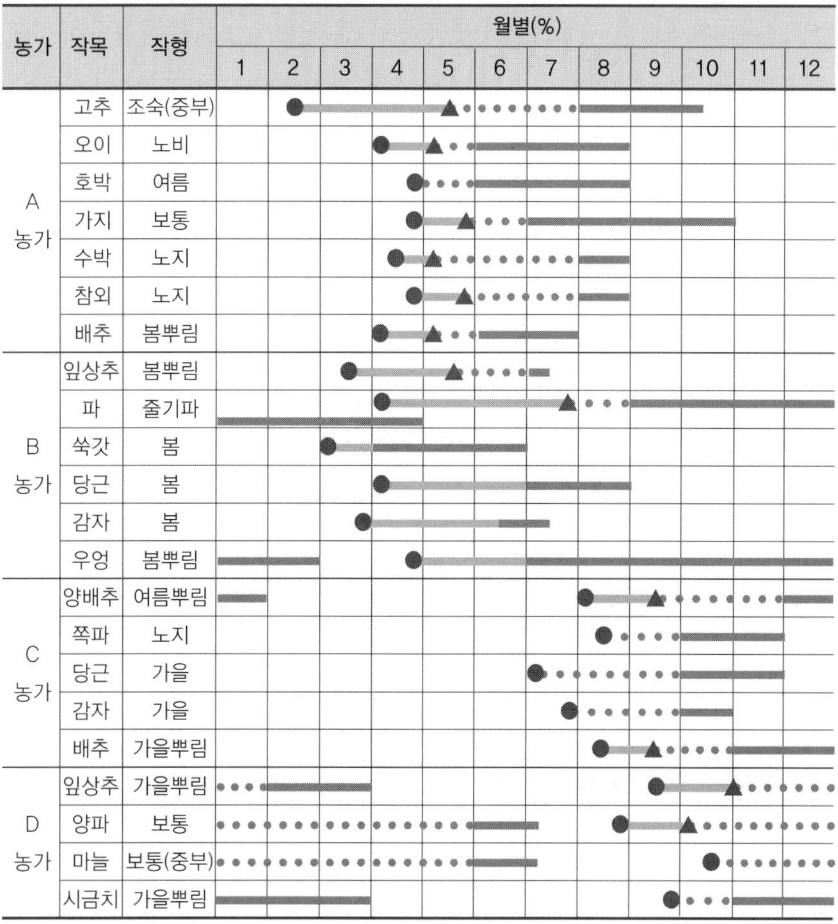

주: ● 씨뿌리기 ▬ 모종가꾸기 ▲ 마루심기 ▬ 수확

일지를 작성하는 것으로부터 시작된다. 마을영농일지를 작성하면 연중 마을에서 재배되는 작목과 재배시기가 한눈에 볼 수 있도록 정리될 것이며, 마을에서의 체험은 그 영농일지에 의거해서 체험시기와 체험활동의 내용이 결정된다. 그리고 그 일정에 따라 도시민에게 마을방문을 권하는 홍보를 하게 되면 그것이 바로 체험 프로그램의 계획이다. 영농일지 내용 사이사이에 절기에 따라 마을의 향토문화와 관련된 이벤트를 틈틈이 편성하면 다양한 체험활동이 가능하게 될 것이다. 지속적인 체험을 위하여 작물의 출하시기를 적절히 조절하는 것이 필요하며, 다양한 체험을 위하여 체험용 작목을 분산하여 재배하는 것이 효과적이다.

농촌체험 프로그램의 다양화를 위해서는 복합영농법이 바람직하다. 집약농법은 특정 농산물의 생산성은 향상되지만 마을에서 재배되는 작목이나 농사일정이 단조로워 연중 체험객을 지속적으로 수용해야 할 체험사업에는 적합하지 않다. 마을영농일지에 의거해서 연중 다양한 작목이 연속적으로 재배되도록 체험활동에 적합한 작부체계를 도입해야 한다. 농사짓는 전문가 집단인 농민들이 마을환경에 적합한 작부체계를 수립하는 일은 아마 가장 잘 할 수 있는 분야일 것이다. 예시된 영농일지에 의한다면 월별로 각 농가에서 재배하고 있는 농작물이 바로 한 마을에서 제공되는 체험내용이 된다. 만일 개인별로 체험농장을 운영할 경우 자신의 논밭에서 재배되는 농작물이나 작업내용에 따라 체험 프로그램이 기획될 것이다.

3) 농촌마을의 문화체험

농촌에서 운영되는 체험 프로그램은 영농체험 프로그램 외에 농촌생활체험, 농촌공예체험, 전통문화체험, 자연생태체험, 그리고 레포츠나 주변관광과 연계된 체험 프로그램 등 다양한 소재들이 모두 동원된다. 마을이 소지하고 있는 모든 자원을 최대한 활용한다는 차원에서 농촌체험 프로그램은 다양해진다.

영농체험 프로그램 이외의 체험 프로그램을 지역별로 나열해 보면 체험의 현장을 생생하게 연상할 수 있을 것 같아서 마을별 주요 체험 프로그램을 예시적으로 나열해 보겠다. 일단 농촌생활체험 프로그램으로는 울진 양떡음마을의 떡메치기, 화성이나 임실의 치즈만들기, 남해 다랭이마을의 다랭이만들기, 그리고 양평 신론리의 계란서리 체험 등이 있다.

농촌공예체험의 경우 이천 부래미마을의 도예체험, 안동 가송마을의 한지복조리만들기 체험, 음성 방축리의 천연염색체험, 그리고 청양 가파마을의 목공예체험 등이 있다. 그리고 전통문화체험의 경우에는 태안 볏가리마을의 볏가리체험, 이천 자채방안마을의 장치기/정치기 체험, 강화 용두레마을의 용두레체험, 양양 탁장사마을의 탁장사놀이 체험, 부안 예술인촌마을의 다도와 서예 체험, 경주 세심마을의 활쏘기체험 등 그 종류와 수를 헤아릴 수 없을 정도로 많이 있다. 우리나라 농촌의 거의 모든 마을에는 공동적인 자원도 있지만 지역의 특성에 따라 독특한 전통이 한두 개씩은 있으므로 그 전통문화가 모두 개별적인 체험 프로그램으로 개발될 소지가 있다고 해도 과언이 아니다.

4) 체험 프로그램 홍보: 홈페이지 관리(고주알미주알 시시콜콜)

마을주민들이 가장 어려워하는 업무 중의 하나가 마을 홈페이지 관리라고 할 수 있다. 마을주민의 입장에서 도시민들의 관심을 유도할 수 있는 적절한 정보나 사진, 그리고 절기에 따른 체험 프로그램을 소개하는 일은 쉬운 일이 아니다. 컴퓨터를 다루는 일에 익숙하지 못한 것도 이유이기는 하지만, 더 큰 이유는 농민들의 일상생활인 농촌생활에서 도시민들이 관심을 가질 수 있는 내용을 찾아 내는 훈련이 잘 되어 있지 못하기 때문이다.

기본적으로 컴퓨터를 자유자재로 다룰 수 있는 기술을 익혀야 한다. 컴퓨터의 자판을 치는 데 익숙하지 못한 경우 일명 독수리타법으로도 얼마든지 가능한 일이니 컴퓨터를 사용하는 데에 대한 두려움을 없애는 것이 우선적인 일이다. 실제로 늦게 배운 컴퓨터를 독수리타법만으로도 마을 홈페이지 관리를 잘 하고 있는 사람들이 있다는 것은 우리나라 농민이면 누구나 다 잘 할 수 있음을 의미한다.

도시민들의 관심에 대해서도 너무 멋지고 좋은 것만을 정보라고 생각하는 선입견을 버려야 한다. 도시민들은 농촌생활을 잘 알지 못하며, 농사에 대해서는 더욱더 잘 알지 못한다. 설령 농촌생활을 해 본 도시민이 농촌을 잘 이해한다고 하더라도 날마다 새로운 일들이 벌어지고 있는 농촌의 소식은 매일 신문을 보듯이 즐겁고 새로우며, 호기심을 발동하는 소식임에 틀림없다. 그러므로 도시민을 위한 마을 홈페이지에 올라갈 수 있는 정보는 마을 내에서 발생하는 모든 일, 즉 마을의 모든 소식을 고주알미주알 다 올릴 수 있다는 생각을 가져야 한다. 마을에서는 시시콜콜한 이야기일지 모르지만 도시민들에게는 즐거운 소식이 된다. 마을주민들의 정보에 대한 인식이 먼저 바뀌지 않고 마을의 자원을 적절하게 활용한다는 것은 거의 불가능한 일이다.

5) 체험 프로그램의 운영

체험 프로그램의 운영은 농민이 하는 것을 원칙으로 한다. 개별체험농장을 운영하는 경우나 마을공동사업을 운영하고 있는 경우 모두 농사일을 잘 알고 있는 농부가 자기의 경험을 곁들어 가면서 설명하는 것이 좋다. 그러나 체험사업의 규모에 따라 전문적인 체험해설사를 고용하는 경우도 있다. 농부의 경우 처음부터 매끄럽고 재미있게 설명할 수 있는 사람은 그리 많지 않다. 아무리 능숙한 사람이라도 처음부터 잘 한 사람은 거의 없다. 체험해설사 양성을 위한 교육 프로그램이 운영되고 있으므로 체계적인 교육을 받을 수 있지만 여전히 농사를 짓고 있는 농부가 그렇지 않은 사람에 비해 발전하는 속도가 빠르다. 농사일을 천직으로 알고 살아온 농부의 경험이 풍부하기 때문이다.

전문적인 진행자들을 집단적으로 고용하는 경우도 있다. 1년에 수십만 명의 체험객들이 방문하는 체험장의 경우 대부분 외지인에게 용역으로 분담시킨다. 그런데 체험을 전담하는 외지인들은 나이가 젊고 농촌생활을 해 본 경험이 없어서 나이 어린 체험객들을 부모와 같은 마음으로 지도하기가 쉽지 않다. 이럴 경우 주변 마을에서 농사를 짓고 있는 주부지도요원을 양성하는 것이 바람직하다. 주부 체험지도사는 자녀를 키워 보았기 때문에 어린 체험객들을 잘 이해하며, 동시에 농촌생활을 하고 있기 때문에 농사일에 대해서도 전문가들이다. 체험내용의 수준을 높일 수 있는 장점이 있는 동시에 지역주민들의 소득도 향상시킬 수 있는 일석이조의 효과를 볼 수 있다.

6) 농촌체험 프로그램에 대한 농심

전통적인 농부들은 대부분 농촌체험관광에 대해 부정적인 인식을 가지고 있다. 농사라는 것은 농부가 신성한 곡식을 기르는 천직인데 체험을 한다면서 농작물을 가지고 장난하듯이 다루는 것 자체에 반감을 가지고 있다. 모내기체험을 하면서 모내기를 하고 난 후 다음 모내기체험을 위해 바로 로터리 치는 것을 보고 심한 경우에는 농부가 도시사람을 데리고 사기행각을 벌이고 있다고 혹평하기도 한다. 정상적인 농심으로 본다면 극히 정상적인 판단이다. 그리고 옛날 동네 어른들이 보았다면 먹을 것을 가지고 장난친다며 호되게 야단맞을 행동이기도 하다.

만일 농부의 양심상 농작물을 가지고 장난을 치거나 도시민들을 현혹시키는 행동이라고 생각하는 사람은 다음에 지시하는 상황을 곰곰이 검토해 볼 필요가 있다.

사 례

한 마을에 두 명의 농부가 있었다. 두 명 모두 벼농사를 짓고 있었는데, 한 사람은 전형적인 농부로 벼농사를 열심히 지었다. 그런데 다른 한 사람은 벼농사를 지으면서 일부의 논에서 모내기체험 프로그램을 진행하였다. 본격적으로 벼농사만 짓는 사람의 수익은 가을철 수확을 하면서 얻게 되지만 모내기체험 프로그램을 운영하는 농부는 모내기체험 행사를 통해 상당히 많은 수익을 이미 올렸고, 체험 프로그램을 운영하지 않는 논에서는 가을 벼 수확을 통해 농업소득을 올렸다. 물론 가을철에도 메뚜기잡기와 허수아비 세우기 체험행사, 그리고 벼베기 체험행사까지 다양한 이벤트를 기획해서 넉넉한 농외소득을 올렸다. 그런데 벼농사가 풍년이 되어서 벼농사만 열심히 지었던 농부는 수매가격이 좋지 않아서 농사를 짓는 자체를 비관한 나머지 누렇게 익은 논을 다 갈아엎었다.

벼채 논을 갈아 엎은 행동은 물론 홧김에 하기는 했지만 현실에서 매년 언론에 등장하는 농촌의 안타까운 소식임을 부인할 수 없다. 반대로 체험행사를 하면서 농사를 지었던 농부는 높은 농외소득을 올려서 여유롭고 행복하게 생활하고 있다. 자기 고향을 떠날 필요도 없고, 자기의 천직인 농사를 그만둘 생각은 더더욱 없다. 농부임을 자랑스럽게 생각하면서 자기 고장을 지키며 살고 있는 농부와 농토를 갈아엎고 도시로 삶의 터전을 옮긴 사람과 비교해서 우리는 어떤 농부가 되기를 바라는가를 곰곰이 생각해 볼 필요가 있다.

5. 마을환경의 이해

1) 사회적 특성

(1) 공동사업에 대한 자신감 부족(새로운 사업에 대한 비관적 자세)

대부분의 농민들은 식량생산을 위해 논과 밭에서 열심히 일하는 것을 농업의 가장 큰 덕목이라 생각하고 있다. 농촌은 질 좋은 농산물을 생산하는 농장과 같은 곳으로 이해하고 있기 때문에 생활환경이나 편익시설 수준이 도시에 비해 더 나을 수 없다는 생각도 하고 있다. 따라서 그들의 입장에서는 농촌보다 훨씬 좋은 환경에서 생활하는 도시민이 농촌을 방문한다는 것 자체에 대해 의아해한다. 특히, 도시민이 관광지도 아닌 농촌에서 관광활동을 한다는 주장은 더더욱 이상하게 들릴 수밖에 없다. "농촌에서도 농한기가 되면 유명한 곳으로 관광을 가서 놀다 오는데 어찌 도시사람들이 농촌으로 들어올까?" 라며 의문을 갖는다.

농촌에서 돈이 되는 것은 1년 농사를 지어 수확한 농산물을 판매하여 얻는 것인데, 농사짓는 일이 체험사업이 되고, 돈벌이가 된다는 것도 이해하지 못한 농민이 많이 있다. 농사는 순수한 노동이며 할 수 없어서 하는 것, 배운 것이 농사라 할 수 없이 하는 일인데 어찌하여 도시사람들이 그 힘든 일을 배우러 농촌에 온다는 것인지 의심이 깊다. 그것도 농촌에서 하는 관광, 즉 농촌체험관광이라는 용어 자체를 부정하거나 의심하는 사람들도 많다.

농민들이 가지고 있는 또 하나의 의심은 농촌마을 시설을 도시사람들이 만족할 것인가 하는 부분이다. 도시사람들이 농촌에 오면 도시에서와 같이 편하게 지내려고 할 것인데 농촌마을의 시설이 도시에 비해 열악하고, 농민들로부터 받게 될 서비스의 수준 또한 관광지 수준보다 낮아 좋아할 수 없다고 단정짓는 것이다. 외갓집이나 혹은 친척집을 방문하여 지낸다면 모르지만 체험비용, 음식값 또는 숙박비까지 받고 하는 영업인 경우 돈을 받는다는 자체가 농민에게는 심리적인 부담으로 생각된다.

농촌주민의 노령화도 공동사업의 자신감을 떨어뜨리는 큰 장애요인이다. 대부분의 마을에서 공동사업을 주도할 만한 젊은 사람들이 많지 않다는 것은 누구나 공감하고 있는 문제이다. 우리나라 마을공동사업의 대명사였던 새마을운동 시절과 비교하여 젊은 사람들이 절대적으로 부족하다는 것 또한 모든 사람들이 알고 있다. 마을공동사업을 하려면 마을주민을 대표해서 해야 할 일도 많고, 신경써야 할 일도 많기에 젊고 건강한 사람들이 많다면 나쁠 이유가 없다. 현재 농사와 체험사업을 모두 잘 하고 있는 사람 중에는 나이가 많은 사람도 있지만, 보통 농민의 경우에는 농촌 노령화로 인해 마을사업을 주도적으로 앞장서야 할 젊은 사람이 적다는 것을 큰 장애요인으로 생각하고 있다. 특히 아무리 가능성이 큰 사업이라 할지라도 "이 나이에 무슨 좋은 일을 기대하며 새로운 일을 시작하겠느냐?" 라는 비관적인 생각을 하고 있다.

자기비하적인 생각을 하고 있는 농민들도 많다. 배운 것도 많지 않고, 가진 것(재산)도 없으며, 사는 곳도 불편한 점이 많아 도시사람들에 비해 내세울 것이 넉넉하지 못하다는 생각을 하고 있다. 혼자서 조용히 자연과 땅을 벗삼아 농사를 지어 왔기 때문에 많은 사람들 앞에 나서서 설명하고, 지도를 해야 하는 체험지도를 마음 편하게 받아들일 수 있는 사람이 많지 않다. 스스로 부족하다고 생각하는 것이 겸손의 도를 넘어 외지사람 기피증이라고 할 정도로 내향적인 성향을 가지고 있다. 그러다 보니 마을공동사업은 마을지도자를 비롯한 한두 명의 주민들 주도로 이루어진다. 마을주민들은 사업의 내용도 잘 모를 뿐만 아니라 준비하는 과정에도 참여하지 않고 있다. 이러한 배경에는 마을공동사업에 관여하면 자신이 손해라는 인식이 넓게 펴져 있는 것도 한 몫을 한다.

결국 마을공동사업에 대한 마을주민들의 비판적인 인식은 도시인의 취향과 성향을 제대로 이해하지 못해 나오는 결과라 생각한다. 그리고 이로 인한 서비스 부담, 농촌의 고령화, 자기비하적인 성향 등 사업에 대한 전반적인 자신감 결여에서 농촌체험사업에 대해 비관적인 생각을 하고 있다고 본다.

(2) 지도자에 대한 높은 의존도

마을 중심의 일은 마을사업을 준비하는 단계에서부터 지도자가 주도적으로 진행을 하지만 사업을 운영 · 관리하는 일까지도 이장이나 마을사업의 위원장에게 의존하는 경향이 있다. 상대적으로 나이가 젊은 사람들을 중심으로 소수의 측근들과 사업을 추진하기 때문에 마을사업의 운영도 지도자가 잘 할 것이라고 믿고 있다. 뭔지는 잘 모르고 있지만 사업이 성공해서 이익이 발생하면 지도자가 알아서 주민들에게 골고루 잘 나누어 줄 것으로 생각한다. 이렇듯 주민들은 사업의 모든 일을 지도자에게 의존하고 있고, 지도자에 대한 마을주민의 의존도가 높을수록 지도자의 심적인 부담도 높아진다.

지도자에 대한 의존도가 높기 때문에 지도자의 희생을 강요하는 정도가 심각하다. 지도자의 경우 부담스럽고 불만스러운 부분이지만 공개적으로 불평할 수 있는 여건도 아니다. 농촌에서 농사를 짓는 일반농민의 경우 휴대폰 이용요금이 월 2만~3만 원 정도 나오지만 지도자의 경우 마을사업을 시작하면 경우 보통 월 7만~8만 원으로 급증하게 되고, 마을체험사업이 본격적으로 운영될 시에는 통신비용이 기하급수적으로 증가하게 된다. 자동

차운영비 또한 통신비와 같은 비율로 증가하게 되고, 기타 준비하는 과정에서 개인적으로 소소하게 지출해야 할 비용이 여기저기서 많이 발생한다. 마을공동기금에서 일부 보조를 해 주는 마을도 있지만 거의 대부분의 마을에서는 이장이 알아서 잘 할 것으로 생각하고 있다. 마을을 대표한 사람이 마을을 위해서 그 정도의 지출은 당연한 것으로 생각한다.

지도자의 이런 부담과 불만은 지도자뿐 아니라 지도자 부부의 가정문제로까지 이어진다. 지도자의 집안에서 부부 간의 갈등이 심각한 경우가 많다. 마을 공동의 일을 처리하면서 별도의 비용을 개인적으로 부담하는 것을 좋아할 아내는 없다. 경제적인 부담만으로도 신경이 날카로워져 있는데 동네에서 이장에 대한 각종 유언비어와 근거가 없는 비난의 소리를 다 들어야 하니 이 또한 보통사람들이 감수하기는 쉽지 않은 일이다. 마을업무가 많은 경우에는 자신의 농사일을 할 수 없는 경우까지 생겨 마을을 위한 봉사활동이 지도자 가정에 물심양면으로 피해를 입히는 결과를 초래한다.

사업을 준비하는 과정부터 마을회의의 횟수도 평소에 비해 많아진다. 낮 동안 농사일로 피곤한 상태에서 저녁 늦게 마을회의가 시작되면 다음날 농사일을 생각해야 하기 때문에 심도 있게 의견을 취합해야 할 기회가 많지 않다. 대부분 다수결로 의결하게 되고, 많은 사안들이 지도자에게 위임사항으로 의결된다. 주민의 의견을 취합하는 과정에서 별 무리가 없는 일로 보일 수 있지만 마을일은 주민들의 의견이 취합되었다는 것보다 의결사항이 차질 없이 추진되어야 하는 것이 더 중요하다. 마을회의 의결사항을 실행하는 데 개인적인 이유로 마을주민들이 비협조적이라면 결국 지도자를 비롯한 관심 있는 몇몇 사람들의 과도한 희생이 동반되지 않고서는 마을일이 제대로 추진될 수 없다.

마을을 대표하는 이장의 신분이 확실하게 보장된 것도 아니다. 마을주민들이 비상총회를 소집하고 탄핵을 의결하게 된다면 별로 어렵지 않게 새로운 이장, 지도자를 선출할 수 있다. 마을을 대표하고 마을공동사업의 대표자이기도 한 마을사업 책임자의 신분은 전혀 보장되지 않고 있다. 마을사업을 소신껏 운영·관리할 수 있도록 신분을 보장받지 못하고, 마을의 공동이익을 위해 지도자로서의 권한을 인정받지 못한다면 어떤 마을에서라도 지도자가 마음 편하게 마을사업을 추진하지 못할 것이다. 외형적으로는 지도자에 대한 의존도가 높은 반면, 지도자가 안고 있는 고충은 당연한 것으로 여기는 마을주민의 이중적 사고가 마을공동사업을 추진하는 데 큰 장애가 되고 있다.

(3) 지원사업 선정 자체가 성공이라는 인식

정부 지원금은 자금에 대한 금융이자를 납부할 필요도 없고, 원금을 갚을 필요도 없는 그야말로 공짜 돈이다. 따라서 대부분의 농민들은 정부로부터 지원금을 받는 것 자체가 마을사업이 성공한 것이라고 생각하는 경향이 있다. 이들은 지원을 받지 못한 마을에 비해 어떤 형태로든 도움을 받았으므로 그 사업의 취지가 무엇인지, 앞으로 무슨 일을 해야 할 것인지 등 사업운영에 대해 특별히 고민하지 않는다. 오히려 지원금을 가지고 마을환경이 정비되고, 마을회관이나 또 다른 종류의 관리시설이 새롭게 만들어지는 등 마을에 새로운 투자가 이루어진 것 자체가 도움이 되었다고 생각한다. 그러므로 더 이상 사업을 적극적으로 추진하려는 의욕을 보이지 않는다.

정부의 지원을 받아 사업을 시작한 마을은 보통 3년 정도가 지나면 계속 사업을 추진할 수 있는 마을인지 아닌지 구분된다. 사업 초기에는 지원금을 사용하며 진행되는 사업이므로 큰 문제가 없이 추진된다. 이는 마을에서 지원받은 돈을 사용하는 과정이기에 어려움이 없다. 그러나 문제는 지원받은 자금을 다 소모하여 조성사업을 끝낸 후 수익사업으로 전환하면서 발생한다.

사업을 장기적으로 운영하려면 추가 재원도 필요하고, 처음 준비하였던 과정보다 좀더 심도 있는 노력을 해야 도시민들을 마을에 유치할 수 있다. 그런데 주민들이 힘을 모아 함께 집중해야 할 시기에 대부분의 주민들이 공동 일을 등한시하기 때문에 문제가 발생한다. 그뿐만 아니라 사업이 시작되면 다양한 영업과 홍보를 통해 도시민들을 유치해야 함에도 불구하고 손님 유치까지도 관의 도움을 받고자 하는 의타심이 강하게 나타난다.

통장에 있는 지원금으로 돈을 지출하면서 하는 준비사업은 누구나 잘 할 수 있다. 그러나 지출계획에 따라 조성사업을 순조롭게 마무리하였다고 해서 마을공동사업을 잘 하고 있는 마을로 평가할 수는 없는 것이다. 사업을 준비하고 조성하는 초기에는 마을주민 간에 협조도 잘 되고 사업도 원만하게 추진되는 것처럼 보이지만, 지속적으로 주민들의 사업에 대한 집중도를 높이지 않으면 사업이 답보 상태를 보이게 되고 결국에는 유야무야 중단하게 된다. 이는 정부 지원금이 마을사업의 종자자금임을 명심하고 조성사업이 끝난 후에도 운영사업에 힘을 실어야 한다는 사실을 가볍게 생각하기 때문이다.

(4) 의견조율방법의 미숙

공동사업을 하면서 의견충돌이 일어나는 것은 피할 수 없는 일이다. 각자 사업의 목표가 다를 수 있고, 같은 목표라도 추진하는 방법에 차이가 있을 수 있다. 그래서 서로 의견을 교환하는 과정에서 의견충돌을 피할 수 없다. 대부분 대화를 통해 상대를 이해시키고 설득을 당하면서 의견의 조율 과정을 거친다. 일종의 상호 양보의 과정이고, 동시에 의견 취합의 단계라고 보아야 한다. 의견 차이가 크지 않을 때에는 조율 과정이 그렇게 어렵지 않겠지만 견해 차이가 크고 중요한 사안일 경우에는 서로 의견 일치를 이루기란 쉽지가 않다. 이런 과정에서 갈등이 유발되며 심한 경우에는 공동사업이 결렬되는 결과를 초래한다.

우리나라 농민들은 상대의 의견에 대해 반대 의사가 있다고 하더라도 심하게 대응하지 않은 것이 보통이다. 마을의 구조적인 특성상 주민 대부분이 서로 잘 알고 있는 사이이다. 그리고 오랫동안 한 문화권에서 생활해 왔기 때문에 서로의 마음을 상하게 하지 않으려는 배려가 기본적으로 깔려 있다. 상대의 의견이 마음에 들지 않으면 침묵을 하거나 그냥 자신의 일만 열심히 하면 마을에서 생활하는 데 별 불편함이 없기 때문이기도 하고, 집안의 이미지나 마을의 대외적인 평가가 자신의 위신과도 밀접하게 관계가 있다고 생각하는 공동체 생활의 결과라고 본다.

마음에 들지 않은 문제는 자신의 마음 속에 간직하고 혼자 참고 삭히는 편이다. 그러다가 더이상 참을 수 없는 경지에 이르면 순간적으로 폭발하게 되고, 서로 상의하고 이견을 조정하는 시간을 가질 틈도 없이 서로의 사이가 심하게 훼손되고 만다. 공동사업은 사업의 특성상 서로 다른 의견이 끊임없이 생겨난다. 사업이 원활하게 추진되기 위해서는 그때그때 서로의 의견을 교환하고 갈등을 해결해야 한다. 상대의 의견에 불만이 있으면서도 침묵을 하거나 무관심으로 의견충돌의 순간을 모면하게 되면 시간이 지날수록 서로의 사이가 소원해지다 결국에는 마을공동사업이 파국을 맞게 된다.

기업에서 노사분규가 발생하였다는 이야기는 끊임없이 언론에 보도된다. 아주 심각한 상태에서는 회사가 문을 닫는 경우도 있지만 대부분의 경우 파국의 단계에 이르기 전에 서로 타협을 하게 되고 다시 회사가 정상을 되찾는다. 파업을 하면서 노사 간에 심한 대립이 있다고 하더라도 공장에서는 제품을 계속해서 생산하고 시중판매가 이루어진다. 서로 원수가 되어 회사가 곧 망할 것 같으면서도 결과가 그렇지 않는 것은 노사가 대립을 하더라도 서로 살기 위해 자신들의 의견을 양보하는 조율의 기술을 잘 알고 있기 때문이다. 즉, 서로 싸우는 방법을 터득하고 있기 때문에 우리가 걱정하듯이 회사가 망하지는 않는다. 갈등이 깊어져서 파국으로 가는 것을 방임하지 않고 적극적이고 우호적으로 서로 설득하고 양보하는 대화의 기술에 익숙해져 있다는 뜻이다.

한 마을에서는 마을회의에서 하고 싶은 이야기를 모두 하게 한다고 한다. 마을회의에서 마을공동사업에 대한 의견을 나눌 때 당연히 서로의 언성이 높아진다고 한다. 자기가 하고 싶은 이야기를 다 털어 놓는 분위기에서 대화를 하기 때문에 언성이 높아지는 것으로, 밖에서 들으면 자칫 싸우는 것으로 오해할 수도 있다고 한다. 그러나 오해 때문에 유발되는 갈등의 불씨를 대화를 통해서 없앨 수 있기에 서로 만족할 수 있는 결론을 얻을 수 있다고 한다. 단, 허심탄회한 서로의 의견 개진은 마을회관에서만 허락되는 것으로 규정하고 있다. 많은 주민들이 모여 있는 장소에서 오해의 소지가 있는 소문이나 서로 다른 의견을 묻고 개진하는 과정에서 큰 소리는 얼마든지 나올 수 있다는 것을 서로 인정해 주는 것이다. 감정의 골이 생기는 것은 헛소문이나 잘못 전달된 의견 때문이며, 이 같은 헛소문은 꼬리에 꼬리를 물고 확대 재생산되는 경향이 있다. 그러므로 오해의 소지를 공개적으로 사전에 해소하자는 의도에서 좋은 방법으로 채택되었다고 한다.

(5) 마을어른의 부재

갈등은 항상 상대가 있다. 혼자 갈등을 느끼는 것은 자신이 겪고 극복해야 하는 문제이므로 타인에게나 공동사회에 직접적인 문제를 야기하지 않는다. 그러나 사회문제가 되는 갈등은 누군가 갈등을 느끼게 하는 상대가 있기 때문이다. 갈등을 저감시키거나 해소시키는 것은 역시 갈등 당사자들 사이에 존재하는 오해와 같은 갈등요인이 제거되도록 서로 노력하는 것이 좋다. 그러나 감정의 골이 너무 깊거나 갈등요소가 복합적이어서 당사자 간의 대화나 협의는 물론이고 서로 얼굴조차 보려고 하지 않을 때에는 갈등을 조율해 주는 중재자가 필요하다. 갈등이 심화되어 법정에까지 가는 경우가 있는데, 이 경우 갈등판정의 최종 단계에서는 결국 판검사들이 중재자가 되는 것이다.

마을공동사업에서 발생하는 갈등을 중재하는 일은 쉽지 않다. 아무리 중재의 전문가라고 할지라도 혈연, 학연 등으로 서로의 관계가 밀착되어 있는 농촌사회에서 가볍게 갈등을 중재하러 나섰다가는 더 큰 낭패를 당할 수 있다. 따라서 마을갈등의 중재자는 마을 내부에서 나오는 것이 바람직하다. 마을의 어른인 원로가 갈등 당사자를 누구보다도 더 잘 알고 있을 뿐만 아니라 집안 내력까지도 속속들이 파악하고 있어 적임이다. 더군다나 대부분 집안의 어른일 경우가 많아 자연스럽게 갈등을 조정할 수 있기 때문이다.

그런데 불행하게도 나이가 많은 사람은 많으나 마을의 원로 역할을 할 수 있는 사람은 그리 많지 않다. 사회가 변하여 마을의 분위기가 예전 같지 않은 것이 가장 큰 문제이기도 하지만, 사람들의 주요 갈등요인이 이권과 관련된 문제로 부각됨에 따라 갈등의 양상이 복잡해져 나이가 많은 원로가 예전과 같은 역할을 할 수 없기 때문이다. 결국 주민들의 주장은 강해졌지만 종합하고 조율하는 중재자의 역할이 상실되어 가는 실정이다.

마을의 갈등이 발생되면 거의 속수무책인 경우가 많으며, 심한 경우 법정에까지 가는 고소 · 고발 사건으로 발전된다. 이때에 마을갈등을 해소하고자 등장하는 중재자로 당사자들은 모두 잘 알고 있는 학교 선후배나 동네 선후배가 나서는 경우가 있으며, 결과적으로 효과를 보는 경우도 많다. 마을사업을 관장하고 있는 공무원이 갈등관리에 직접 나서는 것이 필요하다는 주장이 있다. 그러나 담당자이기에 더 곤란한 경우가 많다. 주민과 주민 사이나 마을과 마을 사이에서 발생되는 갈등을 조율하는 과정에서 특정 주민이나 마을에 조금이라도 치중하는 듯 사심을 가지고 편을 든다면 역공격을 받게 된다. 심할 경우에는 바로 민원으로 접수되기에 공무원에게는 아주 큰 부담일 수밖에 없다. 대부분의 공무원은 잘못 간섭하였을 경우 문제가 더 심각해질 수 있기 때문에 갈등 당사자끼리 서로 해결하기를 바라고 방관하는 경우가 많다.

갈등은 처음부터 발생하지 않는 것이 바람직하지만 갈등이 유발되었을 때 현명하게 상대의 이견을 조율할 수 있는 갈등 중재자, 즉 마을어른의 존재가 절실하게 요구된다.

(6) 한 마을 속 여러 동네

마을공동사업 지원의 기본 취지는 전통적으로 우애가 깊은 마을공동체에 사업자금만 지원하면 마을주민들이 합심해서 공동사업을 잘 운영할 것이라는 전제에서 이루어졌다. 도시에 비해 서로 우호적이며 협동심도 강한 농어촌의 경우 이웃사촌이라는 말과 같이 사업에 협조가 잘 될 것으로 생각하고 있다. 그런데 외형적(행정구역상)으로는 한 마을이지만 한 마을 내에서도 여러 그룹의 작은 동네, 즉 여러 공동체가 존재한다.

같은 학교를 다녀서 선후배 간인 경우가 많으며, 어떤 마을은 성씨가 같은 혈연조직으로 거의 모두가 친인척인 경우도 있다. 그래서 농촌마을은 서로 화합이 잘 될 것으로 생각하고 있지만 마을의 내부 사정은 그렇게 간단하지 않다. 행정구역상으로는 한 마을이지만 윗동네와 아랫동네의 주민구성과 성향이 다르고, 개울 안쪽 동네와 개울 건너편 동네의 생각이 다르다. 행정구역을 중심으로 마을과 마을 간의 경쟁이 이루어진다. 대외적으로 마을을 대표해야 하는 경우에는 서로 뭉쳐 강한 공동체 조직력을 과시하지만 마을 내부에서는 또 다른 소집단의 조직끼리 서로 다른 입장을 취하게 되므로 미세한 갈등은 항상 존재하고 있다.

마을종합개발사업을 추진하는 마을에서 직면하고 있는 마을 간 갈등은 한 마을에서 발생하는 갈등에 비해 훨씬 심각하고 복잡한 양상을 띠고 있다. 행정구역도 다르고 마을 간의 거리도 많이 떨어져 있으며, 마을의 성격이나 구성원들의 성향까지 큰 차이가 있는데, 같은 군이나 면이라는 이유로 서로 협의가 잘 될 수는 없다. 조그마한 마을에서도 여러 가지 갈등이 존재하는데, 여러 개의 마을이 공동으로 추진하는 마을종합개발사업에서 발생되는 갈등의 종류와 유형은 기하급수적으로 증가될 수밖에 없다.

(7) 외지인에 대한 강한 배타심

농어촌사회는 혈연, 학연, 지연 등과 같이 사적인 관계를 중시함으로써 주민 간의 유대감과 일체감이 도시에 비해 강하다. 그러나 외지인에 대해서는 강한 배타심을 나타낸다. 농어촌이 신도시와 같이 짧은 시간에 건설되는 것이 아니라 오랜 세월 동안 주민들의 공동체 생활을 통해 서로 유사한 생각을 갖게 되고, 어려운 일에 대해 단합하는 삶에 익숙해졌기 때문에 외지인의 마을 출현에 대한 배타심은 자신의 삶을 보호하기 위한 본능적인 현상이라고 본다. 주민들의 공동체 의식은 마을공동사업 추진에 대해 서로 단합하는 긍정적인 효과를 나타낼 수 있는 동시에, 다른 한편으로는 외지인에 대해 마을이기주의, 혹은 집단이기주의와 같은 부정적인 결과를 초래할 수도 있다.

농어촌사회는 유교적 전통과 관습으로 인하여 전통적이고 보수적인 성향이 강하게 나타난다. 이는 도시에 비해 상대적으로 인적 · 물적 교류가 적고, 사회환경의 변화가 크지 않아 과거로부터 이어받은 전통적 가치관이 지금까지 유지될 수 있었기 때문이다. 바로 이와 같은 배경이 마을주민들 간의 결속을 다지는 데에는 효과적으로 작용을 하나 외부환경에 능동적으로 대처해야 할 때에는 비효율적이고 배타적인 현상을 초래하게 된다.

심한 경우에는 한 마을에 정착한 기간이 3대를 지났지만 여전히 외지인 취급을 받는 경우도 있다. 한 마을에는 할아버지 때 정착하여 크게 농장을 일구었고 우리나라 농업발전에도 기여한 집안이 있다. 아들은 농학을 전공하고 지금의 고향에서 결혼 후 농사를 지으며 살고 있다. 손자까지 태어나 이 곳에서 공부를 하고 있는데 마을에서 중요한 결정을 할 때는 여전히 외지인 취급을 하기도 한다. 이런 사람이 마을공동사업 추진 과정에서 개인농장을 한다는 이유로 배타적인 대우를 받았던 사례가 있다.

지금과 같은 농촌사회의 인구 감소와 고령화 현상으로 마을이 경쟁력을 잃어 가는 시기에 새로운 사업에 참여할 젊고 유능한 주민이 거의 없는 마을들은 외지인의 협조가 불가피하다. 그러나 농어촌의 외지인에 대한 배타심이 강한 현 시점에서 귀농이나 귀촌에 의한 도시인들의 농어촌에 대한 역할을 기대하기란 쉽지가 않다. 특정 마을에서 귀농 · 귀촌인의 도움으로 새로운 사업이 유치되고, 활발한 공동사업이 추진되고 있는 것을 귀감으로 삼아 마을별로 적절하게 대처하는 방안을 강구할 필요가 있다.

2) 개인적 특성

(1) 개인의 몫을 챙기려는 이기심

마을주민들은 공동사업을 통해 자신들에게 무엇인가 큰 이득이 있을 것이라는 기대감을 가지고 있다. 정부의 지원금이 마을주민들을 대상으로 지원되기 때문에 서로 힘을 합하여 사업을 하겠지만, 사업을 통해 얻을 수 있는 이익도 공동으로 분배될 것으로 생각하여 더 열심히 참여할 것이라고 기대를 한다. 그러나 사업의 이익을 얻기 위해서는 얼마나 많은 노력을 기울여야 하고, 또 사업에서 큰 수익을 얻기가 얼마나 어려운가에 대해 고민을 하기보다는 사업의 결과 차지할 수 있을 개인의 몫에 더 많은 관심을 갖는 경향이 있다. 제사보다 젯밥에 관심이 많은 형상이다.

마을공동사업은 주민 모두가 시간을 할애하고 힘을 합하는 사업이다.

그러나 건강상의 이유나 공동사업에 관심이 없는 경우, 또는 사업 자체가 마음에 들지 않아 마을사업에 참여할 의사가 없는 경우도 있다. 자신의 농사가 많거나 다른 개인적인 일이 많아 아무리 같이 하고 싶어도 함께 노력할 여력이 부족한 경우도 있다. 그런데도 마을주민들이 일단 공동사업에 관심을 보이고, 대부분 참여한다는 의사를 표시한다. 이것은 마을사업이 무상 정부지원사업이기도 하고, 또 마을사업이 성공한 후 있을지도 모르는 자신의 몫을 기대하고 있기 때문이다.

(2) 무임승차 의식 팽배

마을별로 차이는 있지만 대부분의 주민들은 일단 공동사업에 대한 참여의사를 밝힌다. 모든 주민들이 다 참여해야 할 필요는 없지만 마을에 지원되는 공동지원이기 때문에 사업의 내용을 이해하지 못하거나 반대하는 주민들까지 거의 대부분 동참한다. 그런데 실질적으로 직접 해야 할 일이 생기면 여러 가지 이유를 들어 소극적인 자세를 나타내든지 서로 협동해야 할 일에 참여하지 않는다. 마을회의에도 형식적으로 참석하지만 회의에서 결정된 의무적인 일에는 겉치레로 일관한다. 사업 결과에 따라 생길지도 모르는 이익분배에 대한 기득권을 확보하기 위해 사업에 반대 혹은 불참한다는 분명한 의사를 밝히지 않은 채 서류상으로 이름만 동참한 주민들도 있다. 이들은 그저 다른 주민을 형식적으로 따라하는 명목상 참여자로만 남아 있을 뿐이다.

주민은 마을공동체의 일원으로 마을사업에 대한 일정한 자신의 몫을 가지고 있는 것은 사실이다. 그러나 공동사업자금은 일종의 사업을 위한 준비자금으로 서로 노력해서 수익을 창출하지 않는다면 그 자체의 의미는 상실되는 것이다. 지원금은 일종의 종자자금에 불과하다. 노력하지 않은 상태에서 수익이 발생한다는 것은 불가능한 일이며, 수익이 없어 성공하지 못한 회사의 주식이 휴지조각에 불과한 것과 같이 수익이 없는 마을공동사업도 부도난 회사와 같은 형상이다.

마을공동사업에서 발생되는 갈등의 근원을 상당 부분 무임승차 의식에서 찾을 수 있다. 주민들이 마을공동사업을 성장시켜야 하는 책임과 의무에 대해 이해를 하고 주민 각자가 해야 할 역할을 찾아야 한다. 공동사업에 적극적으로 참여해야 한다고 목소리를 높이기보다는 자기의 의무를 다해야 한다. 그저 자신의 몫을 다른 사람이 챙겨 갈 수도 있다는 막연한 불안과 불신감으로 인해 갈등이 유발되는 경우를 경계해야 한다. 다른 사람들이 노력해서 이루어 놓은 사업 결과의 몫을 무상으로 챙기려는 사람들을 줄이는 방안이 사업성공의 열쇠이기도 하다.

(3) 골이 깊은 해묵은 개인감정

외형적으로는 평온한 마을이지만 사람들이 사는 곳은 어느 곳이나 구성원들 사이에 묵은 감정적인 골이 존재한다. 일종의 자존심 싸움인데, 최근에 형성되는 경우도 있지만 경우에 따라서는 오래된 집안 간의 갈등에서 유래되는 경우가 많다. 사소한 감정에서 시작된 경우도 있고, 재산분할 때문에 발생된 문중 간의 갈등일 수도 있으며, 보증관계나 학창시절 선후배 사이의 해묵은 감정싸움까지 그 종류와 내용이 매우 다양하다.

농민들은 일상생활에서는 자신의 속마음을 서로 표현하지 않는다. 이웃과 외형적으로는 잘 지내고 있는 듯하나 마을에서 중요한 결정을 하려고 하든지, 자존심이 걸린 논란거리가 있으면 서로 견제하고 상호 비방하는 입장으로 전환한다. 마을관광을 갈 때도 한 쪽 사람이 참가하면 다른 쪽 사람이 빠지며, 그 반대 집안이 참석하는 자리에는 다른 집안의 사람들이 참석하지 않는 숨바꼭질 참여가 반복되는 경우도 있다.

마을회의에서 마을의 발전을 위해 반대 의견을 내세운다면서 억지스러운 주장을 하는 경우가 많다. 그러나 냉철하게 들여다 보면 마을주민 간 오랫동안 존재하였던 해묵은 감정 때문에 상대를 적극적이고 긍정적으로 지원하고 싶지 않다는 뜻으로 해석될 때도 있다. 필요하다면 상대가 잘 되는 것을 그냥 보고 있을 수 없다는 이기적인 생각이 깔려 있는 경우이다.

마을의 대표가 자신과 감정적인 이해관계에 있는 경우 반대하는 입장에서 사사건건 이견을 제시함으로써 마을사업의 갈등을 유발하는 경우도 많다. 외형적으로는 마을사업의 내용과 방법 등 실무적인 부분에서의 의견차이로 보일 수 있거나, 마을의 공동이익을 위해서 꼭 필요한 비판같이 표현되지만 그 이면에는 지도자 간이나 주민들 사이에 오랫동안 존재해 있었던 감정문제가 깊게 개입된 경우가 많다.

어느 마을에서는 귀농해서 고향을 발전시키기 위해 지도자 역할을 하려는 사람에게 할아버지가 부자였을 때 자신과 부모들이 받았던 자존심 손상을 문제삼아 사사건건 시비가 붙은 사례도 있다. 집안이 부유하였기 때문에 서울에서 학교를 다니게 되고, 대기업에서 직장생활을 하다 자기 고향으로 귀농을 결심하였다. 그리고 서울 재산을 처분하여 고향에 땅을 구입하고 체험 관련 사업을 시작하였다. 낙후되었다고 생각되는 고향을 발전시키기 위해 정부의 지원금을 유치하고, 각종 아이디어를 제안하면서 마을사업을 추진하였으나 어렸을 때 받았던 자기 부모들의 가난이 비굴한 기억으로 남아 있었던 모양이다. 자기 고향이 아니었다면 다른 곳에 투자를 하였을 것이며, 같은 돈으로 더 많은 농지를 구입할 수 있었다. 다른 대안을 포기하고 자기 고향으로 귀농하였지만, 오랜 세월 동안 쌓였던 세대 간의 감정이 마을공동사업의 갈등으로 발전하는 경우가 되었다.

Ⅲ.

마을공동사업의 갈등구조

1. 공동체 구현
2. 사회적 갈등(social dilemma)이론
3. 갈등의 개념 및 특성
4. 갈등의 원인
5. 갈등의 유형
6. 갈등 해소방안

1. 공동체 구현

인류사회는 공동체적 사회에서 비공동체적 사회로 변동하고 있다. 산업화와 도시화와 같은 사회변동을 거치면서 사회적 유대관계는 공동체적 사회관계에서 이익사회관계로, 1차적인 대면접촉관계에서 2차적 간접관계로, 전통적 · 협동적 관계에서 세속적 · 경쟁적 관계로 전개되어 왔다고 볼 수 있다. 개인들의 성향도 점차 이타심에서 이기심으로, 비물질성에서 물질성으로, 정의성에서 합리성으로, 전체성에서 개체성으로 변하고 있다. 이러한 사회변동을 거치면서 사실상 공동체 의식이나 공동체적 성격 및 내용은 점차 줄어들었고, 개인들의 성향은 이기심, 물질성, 합리성, 개체성 등과 같은 개인들의 성향이 우세하게 되었다. 또한 인간관계가 우호적 · 협력적 관계에서 갈등적 · 경쟁적 관계로 변함에 따라 인간관계의 친밀하고 협동적인 상호작용은 점차 줄어들게 되었다.

이 같은 변화는 자연스러운 현상이라고 할 수 있으나 공동체 관계가 무너지면서 발생한 각종 사회문제를 감수하고 지내야 한다는 것에 대해서는 우리 사회가 걱정하고 있는 바이다. 아무리 사회가 변하여도 안정되고 신뢰할 수 있는 공동체 구현을 통해 옛날의 아름다운 모습들이 유지되거나, 될 수 있으면 각박한 사회로의 변화가 천천히 이루어질 수 있도록 노력하는 것이 필요하다. 특히, 우리나라 도시문화는 공동체 의식이 결여되어 여러 가지 다양한 사회문제를 야기하고 있어 공동체 의식의 회복을 위한 체계적인 노력이 요구되는 실정이다.

앞서 언급한 바와 같이, 농촌체험관광은 농촌의 소득기반 확충을 위하여 농촌의 모습을 자원화하고, 도시민과 연계를 확대하자는 것이다. 이것으로부터 창출되는 유형 · 무형의 이익은 개인의 소유가 아니라 그 지역을 가꾸고 농촌체험관광에 참여한 지역주민 모두의 몫으로 돌아가야 하는 것이 목적이다. 그러기에 개개인이 활동은 하지만 결과적으로 공공의 이익 증대를 위해서 함께 노력해야 하는 것이다.

우리나라의 전통적인 농촌의 관습은 이웃의 일을 자신의 일처럼 여기고 함께 하는 상부상조의 정신이 그 근간을 이루어 왔다. 시간의 흐름과 함께 이러한 의식이 약화되어 가고 있는 실정이지만 진정한 농촌지역의 개발을 위해서는 전통적인 상호 이해와 신뢰를 기반으로 한 공동체 의식의 회복이 필요하다. 공동체 의식의 구현은 마을의 대소사를 정함에 있어 마을회의에 참여하는 것으로부터 시작해서 마을에 대한 소속감과 책임의식을 느낄 수 있도록 해 주는 작은 일까지 연관되어 있다. 이런 과정을 통해 마을공동체의 여러 가지 일로 점차 확대되어 나가도록 할 수 있을 것이다. 즉, 농촌주민 스스로가 자신이 살고 있는 지역에 대한 주인의식을 가지고 지역의 문제를 함께 해결해 나가야 한다는 공동체 의식의 필요성을 느낄 수 있도록 해 주는 것이다.

농촌체험관광에서 공동체 의식은 이해와 신뢰라는 정신적인 측면과 함께 농촌체험사업의 운영 결과 얻게 되는 이익의 분배와 관리 과정에서 수반되는 갈등을 보다 현실적으로 해결하는 방법을 연구해야 할 것이다. 사회는 변화하고 있는데 단순히 옛날의 마을정서만을 고집할 수는 없는 것이다. 옛 농촌이 가지고 있었던 공동체 의식을 바탕으로 현대 감각에 맞는 문제해결의 접근방법이 개발되어야 한다. 개인적인 이익추구를 중요시하는 현 시점에서 공동사업 과정에서 공동과 개인의 이익에 대한 갈등이 유발되었을 경우, 서로의 신뢰를 바탕으로 지역주민 간의 긴밀한 협의를 통해 마을의 갈등을 차근차근 해결해 가도록 노력해야 한다.

2. 사회적 갈등(social dilemma)이론

우리가 살아가는 일상생활에서 공동체의 이익과 개인의 이익추구, 혹은 개인과 개인 간의 이권이 충돌하는 수많은 갈등을 직면하고 있다. 사회적 갈등이론은 특히 개인과 공동체 사회에서 발생되는 갈등으로서 개인의 이익을 성취할 목적으로 행하는 개인적 행동이 집단의 공동이익을 감소시키게 되는 상황을 의미한다. 한정된 자원을 사용하여 개인의 이윤추구와 공동체의 이윤추구의 방향이 다를 경우 갈등 양상은 복잡해지는 경향이 있으며, 적절히 해소되지 않은 갈등은 개인이나 공동체의 이익에 큰 손해를 유발시킨다.

에를 들어, 마을공동으로 사용할 수 있는 목초지가 있다고 하자. 마을주민들이 자유롭게 목장을 만들어 가축을 기를 수 있다면, 공동체 구성원들은 공동목초지에서 자유롭게 가축을 기르고, 자신의 가축숫자가 각자의 부를 상징할 것이다. 그러므로 구성원들은 될 수 있으면 많은 가축을 기르기 위해 개인목장의 규모를 늘리려고 노력한다. 개인의 가축수가 증가하게 되면 개인이익이 증가하지만 동시에 가축의 사료가 증가하기 때문에 목초지는 황폐화된다. 그 결과 시간이 지남에 따라 초지의 생태적인 수용력을 초과한 가축들은 돌림병에 쉽게 노출되거나 생육이 더뎌 개별목장의 수익도 점차 줄어드는 결과를 맞이하게 된다. 이와 같은 우화는 개인의 이익만을 추구하는 결과가 사회의 공동이익 측면에서 구성원 모두에게 파국의 재난을 초래한다는 사회적 갈등현상의 한 형태를 설명하고 있다.

사회적 갈등의 특징은, 첫째 공동사회의 구성원들이 개인의 이익만을 위하여 자원을 과도하게 이용한다면 서로 협동적인 일을 하는 것보다 더 큰 손해의 대가를 치르게 되고, 둘째 구성원 모두가 공동의 이익을 위하여 협동적이면 그렇지 않은 경우와 비교해서 보다 많은 보상을 받게 된다는 것이다. 공동의 이익을 추구하기 위해서는 개별적으로 약간씩의 이익을 양보하든지 포기해야 하는 경우에 직면한다. 사회적 갈등은 개인의 이익 추구가 공동이익과 양립될 수 없는 데에서 비롯되므로 가장 기본적인 해결방안은 공동체 내에서 개인과 공동체 간의 이익분배 체계가 서로 조화를 이루게 하는 것이다.

모든 축산농가가 안정적인 경제기반을 확보하기 위해서는 그들에게 주어진 목초지를 훼손되지 않을 정도의 한도 내에서 지속적으로 사용할 수 있는 방법을 모색해야 한다. 목초지가 훼손되지 않는 적절한 범위에서 사용될 수 있도록 개인은 공동체의 이익을 위하여 적절한 수준의 이익을 추구해야 한다. 그리고 적절한 수준의 이익 결정에는 공동체 내부에 합의가 전제되어야 하고, 이러한 합의를 위해서는 구성원들 사이에 양보와 이해가 있어야 한다.

사회적 갈등을 설명하는 대상은 물리적으로 그 용량이 한정되어 있는 자원의 범위 안에서 개인의 이익을 극대화시키려는 구성원 간의 갈등으로 구성되어 있다. 농촌체험관광에서 추구하는 공동체 의식은 목초지와는 다르게 비형상화된 사회적인 요소로 이해하기가 쉽지 않다. 그러나 공동체 의식은 농촌체험관광이 추구하는 가장 기본적인 목표이자 요건이며, 만일 농촌체험관광을 운영하는 과정에서 구성원 간의 공동체 의식이 붕괴된다면 농촌체험관광의 성립요건이 훼손된 것으로 해석되어야 한다. 결국 구성원 간의 분쟁과 갈등에 의해 공동체 의식이 깨진다면 농촌체험관광이 붕괴되므로, 구성원 간의 개인이익 추구와 마을공동체 이익 추구는 사회적 갈등이론의 적용대상이다.

3. 갈등의 개념 및 특성

1) 갈등의 개념

갈등(葛藤)이라는 단어는 한자의 의미대로 칡과 등나무 덩굴이 서로 엉켜서 복잡한 형상을 이루고 있는 모양으로 쉽게 풀리기 어려운 상태를 뜻한다. 일반적으로 주변에서 보는 갈등은 공동사업을 하는 사람들 사이에서 서로의 의견과 목적이 달라 상호간에 발생하는 복잡한 상황을 의미한다. 최근 들어 농어촌마을에서 공동사업을 추진하는 과정에서 마을지도자, 마을주민, 담당공무원 등 사업의 이해당사자들 사이에서 갈등이 발생하고 있다. 공동사업에 있어서의 갈등은 사업에 대한 개인적인 견해 차이, 일에 대한 권한, 이권에 대한 욕심, 그리고 개인적인 질투나 시기 등 서로 쉽게 공유하기 어려운 희소자원에 대한 지배욕에서 나타나는 대립적 감정으로 표현된다.

요즈음 마을주민들은 마을사업을 하는 과정에서 갈등에 직면하게 되며, 대부분 마을 자체의 대외적인 평판에 누가 될 것으로 생각하고 공개적으로 논의하기를 꺼린다. 마을의 부끄러운 일이기도 하거니와 자신의 오점으로까지 생각하여 개인적인 속앓이 형태로 마음 속에 담고 있는 경우가 많다. 그러나 사회의 갈등문제를 전문적으로 연구하는 전문가들이 "갈등이 없는 사회는 존재할 수 없다"라고 하듯이, 생각이 서로 다른 사람들이 모여서 살고 있는 공동사회에서는 어디서든지 필연적으로 직면하게 되는 사회현상이 바로 갈등이다. 그러므로 공동사업을 추진하는 농민들은 마을에서 발생하는 갈등을 인정하는 것을 터부시하기보다는 당연한 현상으로 받아들이고, 갈등의 저감방안을 공개적으로 논의하고 해결하려는 적극적인 자세를 가져야 한다.

2) 갈등의 특성

갈등은 어느 조직이나 사회를 망라하고 존재하는 현상으로 둘 이상의 주체가 서로 관계를 맺을 때 발생하며, 항상 서로의 의견을 피력하는 과정, 즉 당사자 간 의사소통의 과정에서 나타나는 현상이다. 일반적으로 갈등을 피하려 하는 것이 인지상정이며, 불가피하게 발생된 갈등이라도 남에게 감추고 싶을 정도로 좋은 개념의 단어는 아니다. 그러나 갈등에는 부정적인 측면이 있는 동시에 긍정적인 측면이 있으므로 갈등에 직면한 경우 나쁜 상황에 처해 있다는 편향된 생각을 할 필요는 없다.

(1) 공동사회에서의 갈등은 필연적인 현상이다

갈등은 어느 사회에서나 혼자 있는 상황이 아니면 보편적이고 필연적으로 발생하는 현상이기 때문에 갈등이 없는 사회는 존재할 수 없다. 그리고 한 가지 갈등이 해결되었다고 다음에 같은 유형이나 새로운 갈등이 유발되지 않는다는 보장도 없다. 산불이 꺼졌지만 보이지 않게 남아 있던 잔불에 의해 산불이 다시 일어나듯이 해결된 듯한 갈등이 다시 불거져 혼돈스러운 것도 자연스런 현상이다.

갈등은 혈연관계인 가족들 사이에서도 발생한다. 부모와 자식 간뿐만 아니라 같은 부모 밑에서 자란 형제자매 간에도 예외는 아니다. 좋은 일에서도 서로 다른 의견을 조율하는 과정에서 말싸움으로 번지는 일이 있으며, 재산을 분배하는 과정에서도 법정싸움으로까지 번져 서로 갈라서는 경우가 허다하다. 부모와 형제자매 간에도 존재하는 갈등인데, 하물며 많은 마을주민들이 모여서 계획하는 공동사업의 경우 발생하는 갈등은 너무도 당연한 현상이다.

(2) 갈등은 완벽하게 해소될 수 없다

갈등의 존재가 한 사람 이상의 관계에서 발생하는 것이라면 갈등이 없는 세상이란 사람이 살지 않는 세상에서나 가능하다. 갈등이 근원적으로 없을 수도 없고, 동시에 완전히 해결될 수도 없다는 뜻이다. 예를 들어, 마을에서 지도자가 갈등유발의 원인으로 지목되고 있다면 지도자를 바꾸면 해결될 것으로 생각하고 있다. 그런데 새롭게 선출된 지도자도 똑같은 양상의 갈등을 유발시킬 수 있다. 마을공동사업에 비협조적인 주민이 협조적으로 전향을 하거나 다른 곳으로 이사를 가면 앓던 고민이 해결될 수 있을 것 같지만, 또 다른 주민에 의해 새로운 갈등이 발생될 수도 있고, 같은 주민이 다른 양상의 갈등을 유발시킬 수도 있다.

우리 주변에서 쉽게 볼 수 있는 두더지잡기 게임기를 연상하면 된다. 망치로 한 마리를 잡고 나면 동시에 두 마리가 올라오고, 또 잠시 잠잠하다 다시 올라온다. 결국 게임기에 동전이 다 될 때까지 게임은 계속된다. 게임시간 동안 끊임없이 두더지가 올라오고, 게임을 하는 사람은 시간이 다 될 때까지 망치를 들고 두더지를 때리게 된다. 마을의 갈등도 이와 같은 양상과 같다. 여기에서 두더지는 마을사업 중에 발생하는 문제, 즉 갈등이다. 그리고 지도자나 주민이 망치를 들고 계속해서 두더지를 내려치는 형상은 갈등을 해소하는 의미로 연상을 하면 된다. 마을사업이 망하지 않는다면 끊임없이 갈등이 생기며, 발생하는 갈등을 고민하고 해소하는 노력 또한 계속해서 반복하게 된다. 그래서 갈등은 해결이나 해소라는 단어보다는 관리라는 단어를 쓰는 것이 합리적이다. 즉, 마을공동사업의 갈등을 완벽하게 해소해야 한다는 표현보다는 꾸준히 관리하면서 저감시킨다는 표현이 적절하다.

(3) 마을의 갈등은 부정적인 요소만 있는 것은 아니다

공동사업을 수행하고 있는 마을에서 주민 간의 갈등이 발생되면 마을 주민들이나 지자체의 담당공무원들은 일단 마을의 추한 모습이라고 생각하며 갈등 자체가 외부에 알려질까 전전긍긍한다. 마을사업을 하는 과정에서 구성원들 간의 갈등은 바람직하지 않다. 그러나 갈등의 발생이 꼭 부정적인 면만을 가지고 있는 것은 아니다. 갈등은 서로 잘 해 보고자 하는 의욕이 강해서 생기는 경우도 있고, 서로의 이익이 대립되어서 생기는 경우도 있어 공동사업을 하는 과정에서 발생할 수 있는 것은 당연한 일이다.

여러 사람이 모여서 하는 공동사업에서 서로 다른 의견이 대립하는 경우는 당연한 것으로 인식해야 한다. 상대적으로 갈등이 없이 조용한 경우는 아직 무엇을 할 것인지 공동사업의 확실한 목표를 설정하지 못한 경우나, 마을 구성원들이 사업의 내용을 파악하지 못한 경우, 그리고 주민들이 수동적이어서 지도자에게만 의존하고 맹목적으로 따라가고 있는 경우 등 사업운영의 탄력이 없는 경우가 대부분이다. 갈등의 발생 사실을 쉬쉬하며 감추려고 하거나 갈등문제 해결을 위해 개입하는 것을 회피하기보다는 보다 적극적이고 긍정적인 시각으로 해결하려는 자세가 요구된다.

평상시에는 평온하였던 마을에서 자금지원을 받게되면 나타나는 주민들 사이의 의견분열은 대부분의 마을에서 나타나는 공통적인 현상이다. 지원이 결정된 이후에도 평상시와 같이 갈등의 징조가 보이지 않는 경우 바람직한 마을로 평가하는 사람들도 있는데, 이 경우는 마을주민들이 사업에 대한 의욕이 없거나, 지도자가 없는 경우, 혹은 지도자가 있다 하더라도 주민들을 확실하게 이끌고 갈 만한 능력이 없는 등 사업운영상 부정적인 측면이 더 많다.

담당공무원의 입장에서 마을에 분란이 없는 것이 다행스러울 수도 있지만, 사업진척이 되지 않아 지지부진한 상황을 맞이하게 되면 서로 열심히 하려다 갈등이 발생하는 마을보다 더 큰 문제일 수도 있다. 그래서 갈등은 긍정적인 측면과 부정적인 측면을 동시에 담고 있는 양면성이 큰 사회현상이다. 부정적인 부분은 해소시켜야겠지만 긍정적인 측면에서 야기되는 갈등 양상은 잘 선별하여 바람직한 방향으로 발전시키는 것이 갈등문제의 관리원칙이라 할 수 있다.

(4) 갈등은 당사자 간의 의사소통방법에 따라 영향을 받는다

"말 한 마디로 천 냥 빚을 갚는다"라는 속담도 있고, "오는 말이 고와야 가는 말도 곱다"라는 말도 있다. 아무리 복잡하고 부담스러운 일이라도 서로의 속마음을 이해하고 받아들일 수 있는 의사소통의 과정이 있다면 해결되지 못할 일이 없다는 뜻이기도 하다. 갈등은 사업의 본질적인 문제에서 유발되기보다는 서로 의견을 개진하는 과정에서 자신의 의견을 피력하는 방법이 미흡하였거나, 경솔하게 상대의 의견을 듣는 과정에서 오해 때문에 발생하는 경우가 더 많다. 각자 생각하고 고민하는 내용을 서로가 이해할 수 있는 원활한 의사소통방법이 존재한다면 갈등을 예방하거나 갈등에 의해 파생되는 파국의 심각성을 완화시킬 수 있을 것이다.

우리나라의 농촌사회는 전반적으로 전통적이고 보수적인 편이다. 또 상대의 잘잘못을 지적하고 따지는 것은 바람직하지 못한 덕목으로 이해되고 있다. 특히, 잘못된 점을 공론화한다는 것은 공개적으로 고자질하는 것과 같은 것으로 생각하기에 마을의 잘못된 점을 보고도 자신의 마음 속에만 담고 삭히는 경향이 있다. 이러한 현상은 아름다운 미덕이기도 하지만, 마을의 발전과 주민의 공동이익을 추구하고자 하는 수익사업을 추진하는 과정에서 나타나는 이와 같은 현상은 문제를 해결하기보다는 더 키우는 결과를 초래할 경우가 많다. 마을의 일에 대해서 사사건건 서로의 잘잘못을 따지기 이전에 상대를 이해하고 마음 속에서 소화하려는 미덕은 전통적으로 유지하더라도 불가피하게 발생되는 갈등에 대해서는 필요 없는 오해를 미연에 예방하기 위해서 적절하고 합리적인 의사소통방법에 대한 연구가 필요하다.

4. 갈등의 원인

마을사업에서 갈등이 발생하는 원인은 마을공동체의 특성상 주민 간 상호의존성이 높고, 주민 각자마다 사업의 목표나 운영방식에 대한 의견 차이가 많으며, 그리고 의견 조율시 의사소통의 미흡 등 여러 가지 원인이 복합적으로 작용하고 있다.

1) 주민 간의 높은 상호의존성

서로 다른 일을 하거나 각자의 일에 대해 서로의 관심이 다른 경우, 또는 개인별로 가지고 있는 능력이나 정보의 정도가 차이가 있을 때에도 상대와 서로 마찰을 빚을 필요가 없어서 상호의존도가 높지 않다라고 한다. "상호의존성이 높다"라는 뜻은 둘 이상의 개인이나 집단이 일을 추진하는 과정에서 서로 정보를 주고받거나 서로 협동적인 일을 하는 과정에서 상호간에 의존하는 정도를 의미한다. "손뼉도 마주쳐야 소리가 난다"는 말과 같이 갈등도 상대가 있어야 발생한다.

농촌사회는 도시와는 다르게 혈연이나 지연 또는 학연 등으로 서로 밀접한 관계를 유지하고 있다. "이웃집 숟가락 숫자까지 다 안다"는 말과 같이 동네사람들의 일상생활까지도 잘 알고 있는 상황에서 한 개인의 환경은 다른 주민들과 함께 공유되어 있는 부분이 많다. 개인생활이나 마을공동의 일에도 서로 돕고 나누는 상부상조 의식이 강하기 때문에 기본적인 상호의존성이 강한 것이 우리나라 농어촌 공동체의 특성이다.

개인사업의 경우 개인의 능력에 따라 투자를 하게 되고, 투자규모의 차이에 따라 운영의 책임을 지게 된다. 그리고 추후 얻게 되는 이익을 독점하므로 다른 사람의 눈치를 볼 필요가 없다. 그런데 마을공동사업은 정부의 지원금을 사업종자돈으로 시작하는 사업이며, 마을주민이 공동으로 책임과 역할을 분담하여 사업을 추진하게 된다. 그리고 사업의 결과로 얻게 되는 이익도 함께 분배해야 하는 사업이므로 주민 간에는 상호의존성이 강할 수밖에 없다. 상호의존성의 정도가 높아질수록 갈등이 발생될 가능성이 높아지며, 특히 현재와 같은 마을의 구도에서 공동사업을 추진하면서 겪게 되는 갈등은 극히 자연스러운 현상이라 할 수 있다.

2) 사업의 목표나 운영방식에 대한 의견 차이

개인사업의 경우 개인의 취향이나 의도에 맞는 사업의 목표를 설정하고, 자신의 운영방식으로 소신껏 추진하면 되기에 다른 사람과의 의견 차이를 걱정할 필요가 없다. 그러나 사업에 참여하는 사람이 많은 공동사업의 경우 참여자들이 각자의 사업목표나 운영방식을 고집한다거나, 서로 다른 의견을 공동의 의견으로 취합하는 과정이 미흡하거나, 또는 서로 다른 의견을 조율하는 기술이 부족하면 갈등은 필연적으로 발생된다. 근본적으로 마을사람들의 가치관과 사고방식이 다르기 때문이기도 하지만 마을공동사업 자체가 이익을 추구하는 수익사업이기 때문에 주민 개개인의 이해관계가 첨예하게 관련되어 그 갈등의 정도는 심해진다.

마을공동사업은 대부분 지도자와 사업에 관심이 많은 소수의 주민들에 의해 계획되어 주민에게 설명된다. 그런데 수립된 계획을 주민들에게 설명하는 과정에서 조급하게 추진되는 경우 주민설득 과정이 미흡하였거나, 주민의사 수렴 과정이 소홀하였다면 사업의 목표나 운영방식을 주민들이 서로 공유할 수 없어 마을의 갈등이 발생할 가능성이 높다. 오랜 시간을 두고 다양한 공동사업을 해 온 마을에서 조급증에 의한 갈등이 적은 경우도 바로 사업에 대한 의견 차이가 적기 때문이다.

3) 한정된 자원의 경쟁적 사용

사업을 하는 데 필요한 자원이 한정적이라면 사업을 계획하고 있는 사람들 사이에 희소자원을 유리하게 이용할 목적으로 상호 경쟁이 심해진다. 제한된 자원은 마을이 가지고 있는 희소한 가치와 재화를 말한다. 예를 들면, 자연자원, 지위, 명성, 권한 그리고 추후 얻게 될 소득 등과 같은 물질적

또는 비물질적인 자원으로 이와 같은 희소자원을 획득하고 이용하는 과정에서 개인이나 집단 간에 경쟁이 유발되는 것을 말한다.

마을과 같이 자원을 서로 공유하고 있는 경우에는 상호간의 경쟁이 더 심화되고, 자원의 크기가 제한적일수록 갈등 발생의 가능성이 더 높아진다. 마을공동사업의 경우 지원 사업비의 집행, 각종 시설물의 설치, 수익의 분배, 대표의 선출, 그리고 의사진행 권한 등과 같이 주민이 공유하고 있는 한정된 자원을 둘러싸고 주민과 지도자, 주민과 주민, 그리고 마을과 마을 사이에 갈등이 발생되고 있다. 그런데 감정적인 문제까지 개입이 된다면 마을갈등은 더욱 심화된다. 특히, 외지인의 사업이 마을주민들과 갈등을 빚고 있는 것은 오랫동안 가꾸어 온 마을에서 극히 일부 땅을 구입한 외지인이 도시에서와 같이 폭 넓은 이용 권리를 주장하기 때문에 생긴다.

4) 의사소통의 방법 미흡

개인이나 집단이 정해진 목표를 달성하기 위해서는 구성원들의 생각이나 정보를 상대방과 교환하는 과정, 즉 의사소통 과정을 거친다. 개인의 목표나 운영방식이 다른 경우 서로 의견교환을 통해 이견을 조율하게 된다. 서로의 의견 차이를 완화시키는 중요한 수단이 의사소통인데, 이 수단이 효과적으로 작동되지 못하면 갈등유발의 원인을 제공하게 된다.

마을공동사업의 경우 마을회의를 통해 서로의 의견 차이를 조율하지만 농촌사회의 특성상 주민 간의 의사소통이 쉽지 않다. 혈연과 지연 또는 학연으로 밀접한 관계가 설정되어 있는 농어촌의 경우 집안의 어른이나 연장자 또는 선배의 의견에 반하는 개인의 주장을 쉽게 개진하기 어렵다. 그리고 대화나 토론을 통해 공동의사를 취합하는 의사소통의 방법도 도시에 비해 상대적으로 미흡한 실정이다.

낮시간에는 농사일로 에너지를 소진한 상태에서 주로 야간에 회의를 진행하다 보면 중요하고 복잡한 안건을 밤늦게까지 심도 있게 논의하기란 쉬운 일이 아니다. 따라서 바쁜 경우 다수결로 결론을 도출하거나 지도부에 결정과 집행 권한을 위임하는 의사결정 방법을 선택하게 되는데, 이 방법으로는 마을주민의 의사를 충분히 통합할 수 없다.

다수결로 의사를 결정하였다 하더라도 실행 과정에서 마을주민들이 모두 협조적으로 참여한다는 보장도 없다. 반대 의견이 있었던 사람들은 찬성 쪽 사람들이 나서서 해야 한다고 책임을 전가하는 경우가 있으며, 회의 도중 충분히 의견을 개진할 기회도 없었다며 불만을 토로하는 사람이 나타나 결의되었던 의결사항을 다시 원점에서 검토되어야 하는 경우도 있다. 결국 이미 결정된 사안을 다시 논의하고 새로운 의결 과정을 거치지 않을 수 없게 된다. 마을회의 결정사항이 자주 번복된다면 주민 간의 갈등만 더 심화되는 결과를 초래한다. 동시에 마을회의의 권위까지 실추된다면 마을주민의 의견 조율과 취합의 기능까지 마비되게 된다.

5) 가족 구성원 간의 폐쇄적인 관계

마을의 갈등은 마을을 구성하는 가구별 갈등에서 유발되기도 하지만 한 집안의 가족 구성원 간의 소통 부족에서 유발되는 경우도 있다. 전통적으로 세대 간이나 성별 차이에 따른 전통적인 가치 차이에 대한 구성원 간의 이해 부족에서 발생되는 갈등이 집안 간의 갈등으로 확대되는 경우를 볼 수 있다. 마을지도자인 남편의 경우 마을주민들과 공동업무를 열심히 수행하고 있는 동안 아내가 감수해야 할 집안의 노동뿐만 아니라 악담이나 악성 소문들 때문에 집안에서 남편과 아내의 갈등이 심화되고, 그 결과는 다시 마을주민과의 갈등으로 확대 재생산되는 경우가 있다.

마을사업의 책임을 맡은 이장이나 위원장은 마을사업 때문에 자신의 농사나 개인업무에 소홀할 수밖에 없으며, 크고 작은 경비 지출도 사비를 사용할 수밖에 없는 경우가 허다하다. 자연스럽게 한 가정의 가장인 이장이나 위원장은 아내를 포함한 가족 구성원들로부터 불만을 야기시키는 요인으로 부각된다. 마을업무는 마을주민 간에 발생할 수 있는 경우뿐만 아니라 집안에서 가족 구성원 간의 폐쇄적인 관계에서 발생하는 경우도 많다. 대외적인 활동을 원활하게 수행하기 위해서는 자기 자신의 마음과 능력을 다스리고, 동시에 가족 간에 유발될 수 있는 문제를 미연에 예방하거나 상호 이해의 폭을 넓힐 수 있는 적절한 소통의 방법을 모색해야 한다.

5. 갈등의 유형

마을에서 직면하고 있는 갈등을 당사자 간 요인으로 분석하면, 첫째 사업내용을 선정하고 추진하는 과정에서 지역주민과 담당공무원의 의견 차이에 따른 갈등, 둘째 마을주민들이 지도자를 신뢰하지 못해서 발생하는 마을 지도자와 주민 간의 갈등, 셋째 마을주민들 사이에 발생하는 오해와 반목이나 마을주민들 사이에 잔존하였던 해묵은 감정에 의해 발생되는 갈등, 넷째 여러 마을이 한 권역으로 참여하는 종합개발사업에서 참여 마을 사이의 사업내용 조율과 사업비 분배 등 마을과 마을 사이에서 발생되는 갈등 등이 있다. 농촌마을에서 발생되는 갈등을 보면, 책임은 적게 지고 이익을 많이 얻으려는 이기심에 의해 발생되는 것이 보편적이다. 갈등은 원인별로 단독 혹은 복합적으로 발생하며, 경우에 따라서 종합적으로 얽혀 아주 복잡한 양상을 보이는 경우도 있다.

1) 담당공무원과 주민 사이의 갈등

대부분 공동사업은 관련 공무원과 소수의 주민이 합심해서 마을사업계획이 수립되어서 마을주민들이 사업을 이해하기도 전에 사업대상지로 선정된 경우가 많다. 이럴 경우 마을의 특성이 면밀하게 조사 · 검토되지 못하였거나, 마을사람들의 자발적인 참여의식이 성숙되지 못한 채 마을주민들은 수동적으로 참여할 수밖에 없다. 동시에 담당공무원은 선정된 사업의 평가가 자신의 능력을 평가하는 기준이 되기 때문에 성급하게 사업을 진행시키는 경향이 있다. 뒤늦게 사업의 의미와 내용, 그리고 목적을 이해한 주민들이 사업내용이나 추진방법 등을 변경하고자 할 때 행정절차상의 곤란한 점이 있거나 사업내용에 대한 견해 차이가 심한 갈등을 빚게 된다. 특히, 마을주민들이 사업의 목적과 어긋나는 특이한 소득사업을 추진하려고 할 경우 그 갈등은 심각해진다.

예를 들어, 도시유원지에서나 볼 수 있는 위락형 관광사업을 농촌관광대상 지역에 유치하려는 주민과 농촌의 자연과 문화환경을 파괴하는 사업을 제한하려는 공무원 사이에 심각한 대립관계가 형성되는 경우가 있다. 농촌 관련 사업에서의 경우 마을 앞 저수지나 강줄기에서 외지인들이 운영하고 있는 물놀이 관광사업이 더 좋을 것 같아 사업의 내용을 유원지형으로 바꾸려고 고집한다면 사업의 본래 취지와 어긋나게 된다.

공무원들은 사업대상 마을이나 사업내용을 결정하기에 앞서 해당 마을만의 고유한 특성을 파악하고, 그 특성에 맞는 내용을 선정해야 한다. 사업대상지를 선정하기 전에 마을주민들이 자발적으로 참여할 수 있는 여건을 마련하여 그들이 스스로 사업을 시작하도록 도와 주는 것이 바람직하다. 공무원은 마을사업을 도와 주는 입장이며, 사업의 주체는 주민이기 때문에 마을주민들이 흥을 내서 열성적으로 할 수 있는 사업이 되어야 한다. 사업의 성공과 실패도 마을주민들 자신이 감당해야 할 부분이다. 그러므로 지원사업의 규정에 크게 위반되지 않으면 주민들의 의견을 따라 주는 것이 바람직하다.

2) 마을지도자와 주민 사이의 갈등

마을지도자와 주민 간의 갈등은 심각한 운영상의 문제로 나타난다. 대부분의 마을에서 지도자는 상대적으로 큰 규모의 농사를 짓고 있거나 농촌관광사업(관광농원, 식당, 민박 등)을 운영하듯이, 어떤 형태로든 개인사업 경험을 가지고 있는 경우가 많다. 의욕이 앞선 지도자가 성급하게 사업을 추진하는 경우 마을공동사업을 지도자에게 유리한 방향으로 끌고 가려 한다는 오해를 받게 되고, 그것은 곧 주민의 불만과 갈등으로 나타난다. 일반주민에 비해 사업운영에 익숙한 지도자의 경우 무모한 시행착오를 줄이기 위해 주도적으로 사업을 추진하게 되면 사업에 대해 익숙하지 못한 주민들로부터 오해를 받기 쉽다.

마을지도자가 외지인인 경우 그 정도가 더 심각하다. 혈연사회의 특성이 강한 마을은 외지인에 대한 배타심이 강하다. 외지인이 마을의 수익사업을 추진하는 주체가 될 경우 각종 억측과 악성 소문에 의해 내부 갈등은 더욱 심각해진다. 서로 협조하며 성공적으로 추진되는 곳이 없지 않지만, 심화되는 갈등을 해소하지 못한 마을에서는 지도자가 마을을 떠나는 경우도 발생하게 된다.

마을에서 나타나는 사례로는 다음과 같은 것들을 들 수 있다.

그림 3-1 농촌체험관광마을의 집단 갈등

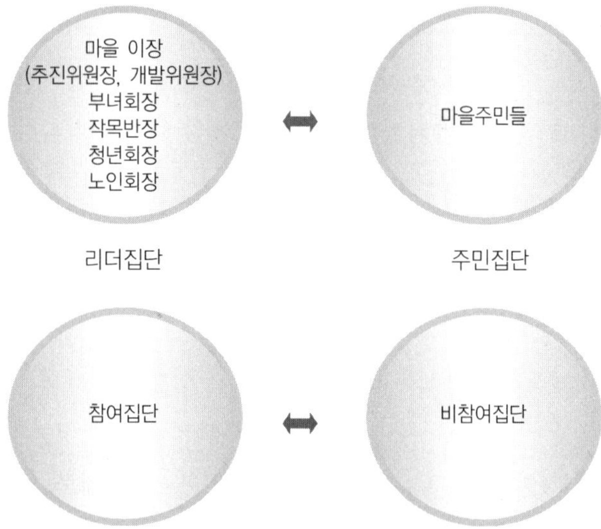

농촌체험관광마을의 참여 여부에 따른 갈등구조

① 본래 관광농원이나 민박사업을 하고 있던 지도자가 농촌 관련 정부 지원사업에 눈을 뜨고 마을의 발전을 위해 녹색농촌체험마을사업을 유치하였으나, 마을주민이 지도자의 기존 개별사업과 공동체사업의 성격이 서로 다르다는 이유로 동참을 막아 극심한 갈등양상에 직면하는 경우.

② 기존 지도자의 지도방법이나 운영방법에 이견이 있는 소외 주민들이 새로운 이장을 선출하고, 신구 지도자와 추종자들 사이에 분쟁이 있는 경우.

③ 마을사업을 추진하면서 업자의 선정이나 사업비를 지급하는 과정에

서 예산의 부적절한 집행에 대해 지도자를 불신한 나머지 행정감사를 받거나 법적 소송까지 발생한 경우.

④ 마을사업에서 소외된 주민들이 마을 입구를 막고 개별사업체를 격리시켜 방문객의 출입을 방해하는 경우.

⑤ 사업의 효율을 높이기 위해 참여시킨 외지 전문가에 의해 마을주민의 경영참여 기회를 박탈하거나 소득분배에 문제가 있다는 오해에서 주민들 사이에 편이 갈린 경우.

⑥ 마을사업을 추진하는 과정에서 착복이나 횡령을 의심하거나 실제로 부정부패 행위로 생기는 갈등.

⑦ 사업 관련 편익시설물을 설치하는 장소를 선정하는 과정에서 주민들의 찬반이 엇갈려서 발생한 갈등.

⑧ 사업의 책임자인 이장이나 위원장이 개인의 사리사욕을 채우려다 문제가 야기되고, 마을공동사업이 침체에 빠진 경우.

마을주민들은 사업비가 큰 사업을 유치하고 싶어하고, 또 큰 사업에 선정된 경우 자랑스러워한다. 사업비가 많은 경우가 적은 경우에 비해 사업을 성공시킬 수 있을 것이란 기대도 크다. 그러나 지원규모가 큰 사업일수록 마을지도자와 주민 간에 마찰이 발생할 소지가 더 크다는 것도 알아야 한다.

대부분의 농촌마을은 농촌관광을 주도해 나갈 경영주체가 불분명하거나 책임한계가 명확하지 않고, 경영에 참여하는 방법이나 사업의 책임소재 및 수익분배의 방법도 제대로 개발되지 못한 경우가 많다. 그뿐 아니라 경영능력과 사업가적인 자질을 갖춘 지도자 또한 부족한 형편이다. 이는 마을공동사업을 추진할 주민과 지도자에 대한 사전교육과 훈련이 중요하다는 것을 의미하며, 이를 해결하기 위한 마을별 교육 과정의 개발과 마을사업 운영과 관리에 관한 특별한 방안들이 개발 보급되어야 함을 뜻한다.

3) 마을지도자들 사이의 갈등

마을지도자 간의 갈등은 마을사업 운영의 원활한 흐름을 방해하는 가장 심각한 요소로 작용한다. 마을지도자들 간에 사업을 이끌어 나가는 방향과 목표 등이 다를 경우 지도자 간에 불화가 생기며, 추진방법이나 일의 우선순위 결정 과정에서 수시로 의견충돌이 발생한다. 대부분 사업추진에 대한 의욕이 앞선 경우 발생하는 갈등으로 마음 속에 있는 사소한 불만을 솔직하게 표현하지 못해서 갈등으로 확대되는 경우가 대부분이다. 마을지도자들은 마을 선후배이면서 초 · 중 · 고등학교 선후배의 연을 맺고 있어 공적인 지도자의 역할과 혈연이나 지연으로서의 사적인 관계가 혼재되어 있다. 마을지도자들 사이에서의 경영상 위계가 정립되지 못하면 결국은 갈등이 표면화된다.

마을지도자의 임기가 끝나고 새로운 지도자로 교체됨으로써 사업진행 과정에 혼란이 발생하고, 신구 지도자 간의 대립이 갈등으로 발전한 경우도 있다. 지도자의 의욕이 앞선 경우나, 지도자 간의 명예욕이 심한 경우, 그리고 지도자 주변의 마을주민 지원세력 간의 갈등 등 다양한 양상이 있다. 특히 개인사업의 특수성과 연관되어 새로운 지도자가 옛 지도자의 개인적인 사업능력이나 권한까지도 마을공동사업이라는 명목하에 인수하려는 과욕 때문에 갈등유발 가능성이 곳곳에 잠복되어 있다.

4) 주민들 사이의 갈등

주민 간 갈등의 주원인은 지원금의 예산집행 방법이나 사업이익의 분배가 공평하지 못하다고 느끼기도 하고, 또 자신에 비해 적극적으로 참여하지 못한 주민에 대한 불평에서 비롯한다. “마을사업으로 인해 이익을 보는

그림 3-2 농촌체험관광마을의 개인 간 갈등구조

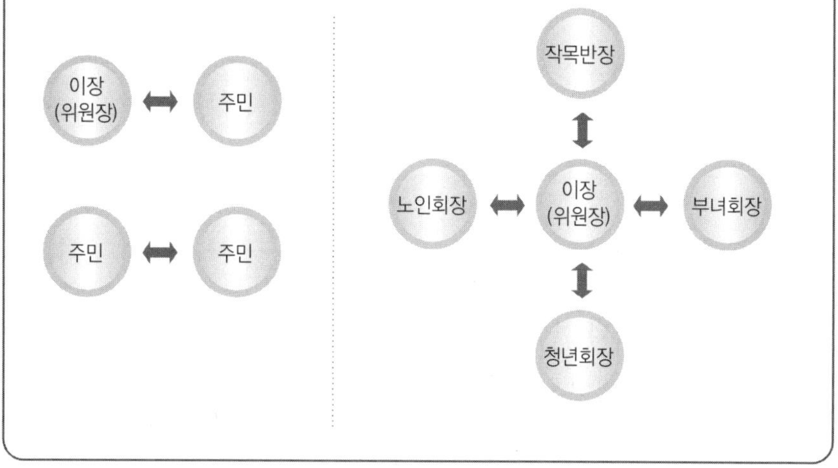

사람은 △△뿐이다"는 식의 이야기가 보편적으로 등장하고 있는 것이 주민 간의 갈등을 잘 반영한 것이다. 이 갈등의 원인은 마을사람들이 사업에서는 책임이나 부담을 적게 지면서 수익의 분배에서는 자기 지분을 충분히 차지하려는 이기심에 있다. 가시적인 수익사업이 변변치 못한 경우, 단기적으로 수입이 보장되지 못한 경우, 그리고 사업설명이 불충분한 경우에 주민들의 참여의지가 낮아져 갈등의 폭이 커진다.

대표적인 사례는 마을공동사업에 개인의 토지를 대여하거나 토지사용을 허락한 경우이다. 농촌에서 토지에 대한 애착은 매우 강하다. 마을공동사업을 위해 사업장 주변의 개인토지를 무상으로 사용하기가 어려울 뿐만 아니라 대여한 경우라도 임대료를 많이 요구하는 경우 주민 간의 갈등은 심화된다. 마을의 장기적인 목표나 기대보다는 개인의 이익을 더 챙기는 이기주의 때문에 발생하는 갈등이라고 볼 수 있다. 개인의 욕심이 심할 경우와

주의 때문에 발생하는 갈등이라고 볼 수 있다. 개인의 욕심이 심할 경우와 마찬가지로, 공동이익이라는 명분으로 개인의 이익을 무시하려는 경우도 같은 현상이 나타난다.

마을은 마을공동사업에 참여하는 주민과 그렇지 않은 주민, 농사를 짓고 있는 주민과 그렇지 않는 주민, 그리고 농사의 내용과 규모에 따라 마을사업에 참여하는 비중의 차이 등에 따라 공동사업을 무리 없이 추진하기란 쉽지 않다. 각자 삶의 방식이 다르며, 생계유지 여건이 다른 주민들의 의견을 조합해야 하는 마을공동체사업은 사업의 초기 준비를 튼튼히 하고, 갈등유발 자체를 근원부터 차단하는 노력을 해야 한다. 그리고 갈등이 발생할 경우 신속하게 해소하는 관리방법에 대한 검토가 이루어져 있어야 한다.

5) 마을과 마을 사이의 갈등

여러 마을이 참여하는 마을종합개발사업의 경우 마을 간에 지원된 사업비를 분배하는 방법이나 마을별 사업내용을 분배 결정할 때, 혹은 시설물 배치계획을 수립하는 과정 등에서 마을 간 갈등현상이 나타난다. 마을종합개발사업의 본래 취지하고는 다르게 지원 사업비를 참여하는 마을의 숫자로 분할해서 사업비를 균등하게 분배하는 경우도 있어 지역발전을 위한 사업인지 마을별 지원사업을 묶어서 확대 선정하는 것인지 구분하기 어려운 결과를 초래하는 곳이 많다. 참여마을을 대표한 이장이나 지도자가 사업의 취지대로 마을별 사업비 배정액수에 약간씩의 차이를 인정하여 계획안을 수용한다 하더라도 마을주민들의 반대가 심해 마을과 마을 사이의 갈등이 마을주민과 지도자 사이의 갈등으로 번지는 경우도 있다. 조그마한 마을에서 공동사업을 추진하는 데에도 여러 가지 갈등이 나타나는데, 마을과 마을 사이, 즉 3~5개 마을이 함께 참여하는 공동사업에서의 갈등은 당연히 예견

되는 일이다.

여러 개의 마을을 묶어서 개발계획을 수립하는 목적은 그 중의 한 마을이 권역별 마을사업을 주도적으로 선도하게 되면 주변의 여러 마을들도 함께 발전할 수 있을 것이라는 기대 속에서 마련되었다. 주변 마을들이 권역을 형성하고 서로 협조해서 다른 지역에 비해 큰 경쟁력을 갖추기를 기대하고 있는 것이다. 경쟁은 인접한 마을끼리 하는 것이 아니라 다른 지역이나 다른 지자체, 혹은 광역적으로 경쟁할 수 있는 능력을 키우는 것을 목적으로 하고 있음을 이해하지 못한 경우 마을 간의 갈등이 유발된다.

6) 마을사업 추진단계별 갈등의 유형

마을공동사업이 추진되어 가는 단계별로 발생되는 갈등의 유형에 차이가 있다. 사업을 추진하는 초기에는 대부분 담당공무원과 지도자 간 또는 지도자와 주민들 사이에서 갈등이 유발된다. 지도자의 경우 마을주민들보다 일찍 사업의 가치와 의미, 그리고 성공 가능성에 대해 인식하고 있기 때문에 사업 자체를 잘 모르는 주민들과 항상 마찰이 빚어진다. 보수적이고 수동적인 주민의 입장에서는 지도자 자신들의 이익을 위해 마을사업을 추진하는 것으로 오해하거나, 정부 지원금에 대해 불필요하거나 과도한 욕심을 부리는 경우가 많다. 사업의 내용면에서도 주민들이 잘 모르기 때문에 자신들이 소외된 것이 아닌가 하고 항상 의심스러운 시각으로 지도자들을 바라보게 됨으로써 사사건건 의견충돌이 발생하게 된다.

사업의 중반기에 접어들면 지도자 간의 갈등이 유발되는데, 이 시기의 갈등은 대부분 지도자들 간에 사업의 주도권 다툼에서 시작된다. 사업이 순조롭게 추진되는 경우에는 서로 나서서 자기의 공로를 인정받고 싶어하는 심리가 발동하게 된다. 지도자들 사이가 어렸을 때부터 경쟁적인 관계를 유지하고 있는 경우 갈등은 더 심화된다. 마을주민들은 혈연관계를 이루거나 학연으로 선후배 관계인 경우가 대부분이기 때문에 서로서로 많은 것을 알고 있다. 그래서 오래 묵은 감정적인 문제도 있을 수 있고, 서로 자존심 싸움도 있을 수 있으며, 심한 경우에는 집안끼리 선조들 사이의 해묵은 감정싸움까지도 갈등유발의 원인이 된다.

사업이 본격적인 궤도에 진입을 하게 되고 수익이 발생하기 시작하면 이익분배에 관한 문제에서 새로운 갈등이 유발된다. 사업이 실패한 경우 마을일을 맡아서 책임을 지려고 하는 사람들이 없겠지만, 가시적으로 나타나는 수입이 증대되는 것을 보고 욕심을 내지 않은 사람은 없다. 마을사업의 운영권을 서로 갖고 싶어하고, 자신의 소득을 극대화하고 싶어하는 욕심 때문에 발생되는 갈등이므로 관리하기 가장 어려운 형태의 갈등이다. 초창기의 갈등은 그럭저럭 사업을 추진해 오면서 단계적으로 잘 극복하다가도 마지막 단계의 갈등에 직면하게 되면 아무리 소문난 성공 사례 마을이라도 곧바로 침체기로 접어들게 된다.

마을에서 발생하는 갈등은 인간생활을 대변하는 생로병사나 일의 발생과 결과를 설명하는 기승전결과 같은 사이클을 가지고 있다. 외형적으로는 갈등이 없이 조용한 상태에서라도 내부적으로는 갈등이 잉태되고 성숙되어 가는 잠복기가 있는가 하면, 갈등이 표출되고 증폭되어 파국으로 치닫기도 한다. 그러다가도 특수한 상황을 접하게 되면 다시 안정기에 접어들어 극적으로 해소되는 국면을 맞기도 한다. 유사한 갈등이 반복되기도 하고, 비슷한 듯하면서도 갈등의 원인이나 주체, 강도 그리고 지속 정도 등 그 모습과 해결방법 등이 제각각인 특성을 가지고 있다. 그러므로 갈등을 해소하고 관리하는 특별한 기술도 연구 개발되어야 하지만 갈등의 근원은 인간관계에서 시작되기 때문에 인간적인 관계개선 노력도 수반되어야 한다.

6. 갈등 해소방안

개인과 공동체 간의 갈등인 사회적 갈등의 해소방안은 크게 두 가지로 구분할 수 있다. 첫째, 구성원들이 서로 모여 대화를 통하여 자신들의 갈등 요인을 이해하고 해결점을 찾을 수 있게 하는 개별적 해소방안(individual solutions)과, 둘째 사회의 구조 자체를 수정하거나 변경하는 구조적 해소방안(structural solutions)이 있다.

1) 구조적 해소방안

구조적 해소방안에는 대표자 선출, 선택적 보상제도, 자원의 개별화 등과 같이 공동체에서 운영되고 있는 기존의 사회적 구조를 바꾸는 방법이 있다. 대표자 선출방법은 공동체의 구성원들이 의사결정 중 자신들의 의사를 대신하여 공동체의 이익을 대변하기 위하여 일할 대표를 선출하여 의사결정권을 위임하고, 대표자가 내린 결정사항을 따름으로써 개인의 극단적인 이익추구를 줄일 수 있는 방안이다.

(1) 대표자 선출

대표자 선출은 의사결정권이 대표자 혹은 대표기구에 완전하게 위임되어야 한다. 대표자 선출방법은 현실적이고 효과적인 방법이라고 할 수 있으나, 공동체 구성원 모두가 개인의 선택권을 위임하는 것에 대한 사회적인 합의가 있어야 하고, 지도책임자나 대표기구 구성원의 자질문제와 이들에게 주어진 권한을 객관적이고 공평하게 사용하는 방법 여부에 따라 새로운 갈등문제가 초래될 여지가 있다.

대표자를 중심으로 추진위원회를 구성하면 순조롭게 추진될 줄 알았던 마을사업들은 여러 가지 새로운 문제를 야기시키는데, 그 대표적인 이유가 대표자의 욕심과 자질에 관한 것이다. 특히, 공동사업 운영의 근간이 되는 운영규약이 특정인이나 집단을 위해서 잘못 만들었을 경우 그 피해는 더 커질 수밖에 없다. 사업운영을 공정하게 하지 못하고 자신이나 측근의 이익을 우선적으로 챙기기에 급급한 대표를 선출하였다면 사회적인 갈등을 해소하기 위한 구조적인 접근 자체가 더 큰 갈등을 야기시킬 수 있다. 새로운 규약을 만들고 마을의 조직을 강화하는 것도 대표자 선출방법에 속한다.

(2) 선택적 보상제도

선택적 보상제도는 공동체의 이익에 협조적인 사람은 특별한 보너스를 받게 되며, 비협조적인 사람은 부수적인 벌칙을 받게 하는 제도이다. 일종의 인센티브 제도라고 할 수 있다. 농촌체험관광을 시작하고 운영하는 과정에서 공동체 구성원이 개인적으로 부담하는 책임의 정도 차이나 운영상 참여하는 노력의 등급에 따라 차별화된 보상을 받는 것과 같은 제도다. 운영상 조합을 구성하고, 조합원들의 출자금 규모에 따라 이윤분배의 차이가 있는 경우도 일종의 선택적 보상제도의 사례라 할 수 있다. 마을일에 많은 시간과 노력을 할애하는 사람에게 더 많은 대가를 지불하는 것도 같은 이론에 근거하고 있는 방법이다. 지금과 같이 공동체 사업에 참여하는 사람의 개별적인 능력이나 일의 범위에 따라 차별적으로 그 대가를 지불하는 방법을 선택하지 못하고 단순히 공동체 의식을 강조하여 일방적으로 특정인의 부담을 강요한다면 지속적인 공동체 운영의 갈등은 해결되지 못할 것이다.

선택적 보상제도를 공정하게 적용하기란 쉬운 일이 아니다. 회사와 같은 조직사회에서는 정관과 회사운영 내규에 의해 개별보상방법이 명확하게 명시되어 있기 때문에 취업을 하기 전에 이미 모든 사람들이 인지를 하고 있다. 스스로 그 내용을 수용하기 때문에 그 회사의 구성원이 되는 것이고, 이익사회이기 때문에 가능한 일이다. 그런데 농촌마을과 같은 공동체 사회에서는 선택적 보상제도를 수용할 수 있는 환경도 아니고, 마을주민의 자연스러운 생활 자체가 특정한 규약에 구속되는 것도 좋아하지 않는다. 마을공동사업을 책임지고 있는 지도자들이 가장 어렵게 생각하는 업무는 바로 주민들의 능력에 적합한 일과 그 양을 결정하는 것이다. 그리고 개별적인 공헌도에 따른 적정한 수익을 분배하는 방법을 결정하는 것이다.

(3) 자원의 개별화

자원의 개별화는 공공자원을 공동체의 구성원에게 적절히 분배하여 개인소유화하는 방법이다. 과도한 자원사용으로 인한 자원파괴의 불이익을 구성원 모두가 받게 되므로 자원의 개별화는 자원의 개발과 관리에 보다 효율적일 것이다. 사회 구성원들이 공공재산을 자신의 사유재산으로 인식하고 자신의 개인재산을 관리하듯이 주인의식을 갖게 하는 관리방식이다. 그러나 이 방법은 이론적으로 갈등문제를 완벽하게 해결할 수 있는 것으로 보이나 실제로는 분배가 가능하지 않은 공공재산인 경우(예를 들어, 마을환경이나 공동체 의식과 같이 구분하기 어려운 경우) 분배의 공평성 여부, 그리고 공공의 목적에 합당하게 자원이 효율적으로 관리될 수 있는 것인지의 여부 등 현실적인 측면에서 새로운 문제를 야기하게 된다.

공동자원을 구성원들에게 분배할 수 있는 자원이 있고, 그렇지 못한 자원이 있다. 마을에서 주민 개개인이 소유하고 있는 재산은 이미 적절한 대가를 지불하고 자신의 이름으로 등기까지 마쳤으니 개인의 재산임이 확실하다. 그리고 자신의 결정에 의해 매매나 임대가 가능하다. 그러나 마을의 경관을 결정하는 뒷산이나 마을 앞 저수지, 그리고 냇물이나 도로들은 마을 주민이면 누구나 함께 사용할 수 있는 공동자산이다. 이런 자원은 개별적으로 분리해서 나누어 가질 수 없는 성격을 가지고 있다.

마을공동사업을 하는 경우에는 별 문제가 없겠지만 주민이 개별적인 체험사업을 운영하는 경우, 특히 귀농한 외지인이 사업을 시작하는 경우 마을공동자원을 사용하는 문제를 가지고 주민과 외지인 간의 갈등이 발생된다. 농촌마을에서는 개인소유의 농지나 야산이라고 하더라도 도시의 토지 소유 개념과 큰 차이가 있다. 농촌의 자원은 도시에 비해 상호의존도가 매우 높다. 마을을 관통하거나 연결하는 도로는 문제가 없겠지만 마을 내부에서는 다른 사람의 땅을 밟지 않고 왕래할 수 없다. 도시에서는 사사건건 시비가 붙을 상황이 농촌에서는 일상생활을 하는 데 아무런 문제가 발생하지 않는데, 그 이유는 오랜 세월 동안 주민 간의 양해 속에서 자연스러운 일이 된 것이다.

2) 개별적 해소방안

사회의 구조적 변화는 새로운 틀 속에서 구성원들의 협력이 합리적으로 이루어지게 하는 새로운 체계를 만들기 때문에 사회적 갈등을 해소하는 데 효과적이다. 그러나 사회적 갈등에서 구성원들이 서로 협조하는 정도는 개인 차이에 따라 다양하다. 그 이유는 사회문제가 사회적 갈등의 구조 차이에 의해서 발생하기보다는 구성원의 인식 차이에 의해 야기되는 경우가 많기 때문이다. 그러므로 사회적 갈등을 해소하는 또 다른 접근방안은 공동체에 대한 서로 다른 인식의 차이를 줄이고 공동관심사에 대한 인식을 공유하게 하는 개별적 접근방안이 이용되고 있다.

개별적 접근방안은 일종의 커뮤니케이션(소통) 기법으로 서로 만나서 얼굴을 마주 보면서 다른 의사를 조정 · 관리할 수 있도록 유도해 내는 방안으로서 직접대면법(face to face interaction)과 간접적인 커뮤니케이션 매체를 이용한 홍보나 교육을 통하여 서로의 소통을 원활하게 하는 방안(information and knowledge)이 있다. 일종의 사회 구성원들이 서로 의견을 교환하면서 사회의 공동의식을 공유하는 과정을 의미한다.

(1) 직접대면법

직접대면법은 구성원들이 서로 얼굴을 맞대고 대화를 하면서 의견을 교환하면 서로의 이익이 상호의존적이라는 본질을 이해하고, 공동체 내에서 기대가 되는 바람직한 행위와 그렇지 않은 행위에 대한 규범을 더 정확히 이해할 수 있다. 이와 같은 과정을 통하여 상호간의 신뢰가 성숙됨으로써 공동의 이익을 위한 행위가 실천될 수 있다. 그리고 협조적인 경우에 명예로운 칭찬을, 비협조적일 때는 비난을 받게 된다는 것을 경험에서 얻게 되면서 점진적으로 공동체의 이익을 위하여 협조적이 될 수 있다. 그러나 구성원의 수가 증가하거나, 구성원의 구성이 복잡해질 때에는 공통적인 대화의 대상을 선택하는 어려움과 실제적으로 직접 대면할 수 없는 한계를 가지고 있다. 옛날에는 첨단통신수단이 없기 때문에 서로 얼굴을 보면서 의견을 교환하고 조율해야 하므로 서로 의견을 조율하는 공간적 · 시간적인 한계가 있을 수 있었다.

정보화시대에 살면서도 중요한 사안을 통지하거나 협의할 때는 상대를 직접 찾아가는 것이 통상적인 일이다. 간단하고 일반적인 일은 전화로도 가능하고, 문자 메시지나 메일이 더 편리할 때도 있다. 그러나 얼굴을 서로 마주 보면서 상대의 눈빛과 표정을 살피면서 나누는 대화만큼 좋은 방법은 없다. 농촌은 도시에 비해 전통적인 생활양식이 지배적이기도 하지만 마을의 중대사는 주민들이 모두 모인 마을회의를 통해서 논의되고 의결되는 것도 바로 직접대면법이 가지고 있는 장점 때문이다.

(2) 홍보와 교육방법

홍보와 교육은 자신의 결정이 가까운 미래에 자신이 속해 있는 조직에 어떤 영향을 미칠 것인가에 대하여 알게 하고, 자신의 언행을 스스로 자제하거나 조직에서 강압적으로 규제하는 법이나 규칙의 배경을 설명함으로써 바람직한 결정을 유도하는 방법이다.

공동체의 규모가 커지면 직접적으로 구성원이 모두 만나는 것이 불가능하다. 그래서 홍보나 교육 등 간접적인 의사교환 기법을 도입하는 것으로 구성원 간에 존재하는 이견을 조율하는 작업이 필요하다. 전반적으로 소규모의 조직으로 운영될 농촌체험관광의 경우 직접 얼굴을 맞대고 마을주민의 전체회의를 통해 구성원들의 개별적인 의견을 조율하는 직접대면법이 훨씬 바람직한 방법이다.

홍보와 교육은 서로 얼굴을 마주 보면서 이루어지기도 하지만 요즈음과 같은 정보화 시대에는 인터넷 기능을 활용하는 것이 효과적이다. 정부의 마을정보화 정책에 의해 대부분의 농촌에서도 컴퓨터와 인터넷 사용은 일반화되어 있다. 마을이나 개인 홈페이지를 이용하기도 하고, 개인 카페를 통해서도 정보를 교환한다. 마을회의를 효율적으로 운영하기 위해서 안건에 대한 정보를 미리 배부하거나 사전의견을 수집하기도 하고, 마을사업에 대한 개인적인 의견을 피력하기도 한다. 꼭 바람직한 것은 아니지만 회사와 같은 조직사회에서 전자결재를 하듯이 농촌마을에서도 인터넷 정보망을 통해 의사를 결정하는 때도 올 것이다.

사회적인 갈등을 해소하는 방법에는 구조적인 방법이나 개별적인 방법이 서로 적절하게 조합되었을 때 그 효과가 극대화된다. 기존의 구조를 바꾼다고 하여도 바뀌게 된 사회구조에 대해 구성원들의 합의가 이루어져야 한다. 그 과정에서 다양한 의견들이 거론되었을 때 개별적인 접근방법을 통해 사회 구성원들의 의견을 청취하고 조율함으로써 서로의 합의점을 찾아야 한다. 공동체 운영은 거의 만장일치에 가까운 의견일치가 필요하며, 그런 결과를 도출하기 위해서는 장시간 강한 인내심을 가지고 의견을 교환하고 조율하는 작업이 필요하다. 그러나 현실적으로 쉽지 않은 과정이기도 한 이런 과정을 거치지 않고서는 공동이익을 위해 모든 구성원들의 합의를 집약할 수 없다.

IV.

마을갈등의 현실

1. 마을이 직면하고 있는 갈등의 현실
2. 마을공동사업의 특성을 제대로 이해하고 있는가
3. 마을공동사업의 운영과 관리는 누가 할 것인가
4. 마을이 안고 있는 문제점

1. 마을이 직면하고 있는 갈등의 현실

1) 마을의 갈등을 인정하는 것, 누워서 침 뱉기일까

사업의 책임자나 주민 모두 마을의 갈등을 인정하는 것은 '누워서 침 뱉는 것'과 같은 일이라 생각하고 있다. 마을공동사업을 추진하고 있는 마을의 주민들이나 지도자들의 교육을 하면서 "여러분 마을은 공동사업을 하시면서 주민 간의 갈등은 없으십니까?"라고 물으면 대부분 조용해진다. 그렇지 않으면 "우리 마을에는 그런 문제가 없습니다"라고 하든지, "우리 마을은 역사가 오래 되었고, 주민들 간의 우애가 좋아 그런 문제는 발생하지 않을 겁니다"라며 남의 마을의 고민거리같이 이야기를 한다. "정말 없습니까?"라는 질문을 반복하면 대답하는 목소리가 점점 줄어들고 "그 정도 문제가 없는 마을이 어디 있겠냐"며 하나둘 인정하기 시작한다.

한 예로 마을공동사업에 선정되어 주민교육을 시작하는 마을로 특강을 갔었다. 마을 전통과 주민의 우애 정도에 대한 자부심이 대단히 큰 마을이었다. 마을공동사업의 취지를 잘 모르는 주민들도 많이 있고, 사업에 대한 부정적인 시각을 가진 주민들도 있는 상태에서 사업 시작을 위한 교육이니 조금은 어수선한 분위기였다. 마을사업을 준비하는 주민들을 위해 사업의 취지를 강조하면서 격려 차원의 교육이 더 바람직할 수도 있겠지만, 우리나라 대부분의 마을에서 직면하고 있는 주민 간 갈등의 실상을 적나라하게 설명하면서 교육을 진행하였다.

대부분의 주민들이 진지하게 받아 들여서 분위기가 좋았으나 강의가 끝난 후 한 어르신이 "좋은 이야기들은 놔두고 너무 싸우는 이야기만 해 주셔서 조금은 불편합니다. 아직 우리 마을의 내력을 잘 모르시는 것 같은데, 앞으로 우리 마을은 그렇게 싸우는 일이 없을 겁니다"라며 내 강의에 대한 불만을 간접적으로 나타냈다. "죄송합니다. 여러분 마을이 싸우기를 바란다는 뜻이 아니라 마을공동사업을 하면서 분란이 심한 마을들이 있다는 사례를 들어 드린 것이니, 여러분 마을은 그런 일이 없도록 잘 하시길 바랍니다"라고 마무리를 지었다.

그 후 한 달이 되기도 전에 그 마을의 이장이 바뀌었나는 소식을 들었다. 마을에 사업을 유치하기 위해 엄청 고생한 지도자인데, 이장직을 스스로 반납한 것인지, 사업에 반대하거나 현 이장을 불신해서 마을에서 바꾼 것인지 교체 이유는 확인해 보지 않았다. 이유야 여러 가지가 있겠지만 조용하고 화목하였던 마을들이 마을공동사업을 시작하면서 쉽게 설명되지 않은 이유로 분란을 접하게 되는 사례가 빈번하게 발생되고 있다.

마을공동사업을 추진하는 과정에서 발생되는 갈등은 우리나라의 거의 모든 마을에서 직면하고 있는 일반적인 현상이다. 어느 마을에서는 계획 과정에서 마을공동시설물(예: 정자) 설치장소를 선정하는 과정에서 주민들 간의 심한 갈등이 발생하여 이장이 사표를 쓰고 관련 기관에서 조사를 받는 경우도 있었다. 또 다른 마을에서는 한 3년 가까이 고생해서 마을사업을 발전시켜 놓으니까 처음에는 무관심하였던 사람이 마을주민을 움직여서 지도자의 자리를 차지하는 경우도 있다. 행정책임자인 이장이 마을주민에 의해 선출되기 때문에 상황에 따라 다른 사람으로 바뀌는 것은 당연한 일이지만, 마을사업을 추진하는 마을에서는 자연적인 현상이라기보다는 주민들 간의 갈등에서 유발되는 경우가 많아 새로운 걱정거리로 대두되고 있다.

갈등이 발생하였다고 미안해하거나 부끄러워할 필요도 없으며, 갈등이 없다고 무작정 자랑할 일도 아니다. 즉, 갈등 자체를 나쁜 일이라고 부정적인 의미로만 볼 것이 아니라는 뜻이다. 갈등이 없는 마을이라 해도 정부의 지원사업이 결정되면 그때부터 갈등관계가 형성되는 경우도 있고, 갈등이 전혀 없는 마을처럼 보일지라도 내부적으로 깊이 들어가 보면 무슨 일을 해야 할지 모르는 상태에서 서로의 의견이 충돌할 준비조차 되어 있지 않은 경우도 있다.

실제로 20여억 원 규모의 사업비가 소요되는 마을공동사업이 추진되고 있는 어느 마을에서 주민 간의 갈등이 나타나지 않는다고 자랑하는 경우가 있었다. 그런데 사실은 사업을 어떻게 추진해야 할지 방법을 몰라서 갈등이 발생하지 않았던 웃지 못할 상황도 있었다는 것을 알아야 한다. 사업을 시작하려고 할 때 예기치 못하였던 갈등이 발생할 소지를 느끼고 지래 겁이 나서 주춤거리는 사례이기도 하다. 결국 갈등은 마을공동사업을 추진하는 과정에서 피할 수 없는 일이며, 갈등이라고 해서 꼭 나쁜 증상으로만 평가되는 것도 갈등의 본질을 잘못 이해한 결과이다.

어느 누가 자신의 부끄러운 문제를 남에게 이야기하고 싶으며, 어떤 사람이 자기 마을, 혹은 집안싸움을 공개적으로 타인에게 이야기하고 싶겠는가? 마을공동사업을 하게 되면 거의 모든 마을들은 주민들 사이에 오해와 다툼이 심화되어 분란이 발생하거나, 분란까지는 아니지만 적게는 사업 전에 비해서 마음고생을 하고 있는 주민들이 생기는 등 크고 작은 문제들을 안고 있다. 그러나 마을의 갈등을 공개적으로 시인한다는 것이 '누워서 침 뱉기' 같아 어느 누구도 갈등을 시인하려 들지 않는다. 하지만 마을의 현실은 그렇지 않으니 무작정 마을의 갈등을 감추려고 들거나 마을의 이미지 관리를 위해 마냥 쉬쉬하고만 있을 수는 없는 노릇이다.

고름이 살 되지 않고, 병은 소문을 내야 낫는다는 말이 있다. 언제까지 좋은 이야기만 하는 낙관론만으로 마을공동사업을 성공시킬 수 있을 것이며, 사업이 잘 될 것이라는 격려만으로 마을갈등의 해법을 찾을 수 있을 것인가? 대부분의 마을들이 내부적으로 앓고 있는 갈등문제를 거론하는 것조차 터부시되고 있는 지금이야말로 그 해법에 대해 공론화시켜야 할 시기라고 생각한다.

2) 마을의 갈등, 누구의 잘못일까

넉넉하지는 않았지만 서로 도우며 화목하게 살아왔다고 자부하고 있는 마을에서도 정부지원금인 마을공동사업자금을 받게 되면 거의 대부분 예외없이 갈등이 시작된다. 같은 성씨들이 모여 사는 집성촌인 혈연마을에서도 예외가 아니다. 큰 마을이나 작은 마을, 역사가 오래 된 마을이나 그렇지 못한 마을 할 것 없이 모든 마을에서 같은 현상이 발생하며, 갈등이 생기는 것 자체를 이해하지 못하겠다는 사람들이 많다. 그 동안 마을에서는 "같이 하는 사업자금이 없어 마을사업을 시작할 수 없다"며 정부에서 지원을 해야 한다는 말을 많이 해 왔다. 이에 정부는 융자가 아닌 무상으로 사업자본금을 지원하였으나, 마을에서는 정작 자금이 확보되고 나니 뜻하지 않았던 주민 간의 갈등이 불거져 더 큰 난관에 봉착하고 있는 실정이다.

지원금의 규모가 작은 마을단위의 사업에서도 그렇고, 상대적으로 지원금의 규모가 큰 마을종합개발사업에서도 같은 증상이 나타나고 있다. 특히, 3~5개의 마을이 한 사업으로 묶여 있는 마을종합개발사업의 경우에는 그 갈등양상이 더 크고 복잡하다. 일단 여러 마을 간에 지원금의 분배나 사업내용의 결정 과정에서 큰 소동을 겪고 나면, 그 다음으로는 마을 내에서 동네주민들 사이에 또 다른 분쟁이 발생한다.

마을에서 갈등이 발생하면 사업의 대표를 맡고 있는 이장이나 위원장의 능력 혹은 인품이 도마에 오르게 되며, 사업 자체에 비판적이거나 마을 일에 불평이 많은 사람은 지도자의 사업추진 내용에 대해 사사건건 문제를 제기한다. 특히, 지도자의 지도력(리더십)과 같은 능력이 비판의 대상이며, 지도자의 희생정신과 봉사정신 부족 등 인간의 기초소양까지도 문제점으로 등장한다. 특별하게 능력이 있는 지도자가 있으면 좋은 일이고, 마을주민들이 모두 마을을 위해 봉사하는 자세를 갖고 있다면 더 좋은 일이다. 그러나 우리 주변에서 슈퍼파워를 가지고 있는 마을지도자를 찾기도 어려울 뿐만 아니라 생업에 바쁜 사람들이 자기 자신의 일에 지장을 받아 가면서까지 마을의 공동이익을 위해서 봉사해 주기를 바라는 것도 무리이다.

모든 갈등은 사람들 사이에서 발생하는 것이므로 지도자의 인성이나 능력에 따라 갈등의 심도나 해결방법들에 차이가 있다는 것은 당연한 일이다. 그러나 마을공동사업을 계획하고 운영하는 데 발생하는 갈등은 특정한 사람(지도자나 일부 마을주민)의 잘못이라기보다는 모든 사람, 즉 마을주민 모두의 개인적인 욕심에서 비롯된 것이다. 마을공동사업이 본질적으로 내포하고 있는 문제이거나 사업 자체의 구조적인 문제에서 생겨난 것이다. 그리고 마을공동사업을 시작하기 이전에 많은 준비와 훈련 과정이 필요한 복잡하고 어려운 사업임에도 불구하고 마을에 부족한 사업자금만 지원하면 마을주민들이 알아서 사업을 잘 할 것이라는 막연한 기대감이 너무 컸던 탓에 현재 이런 시행착오를 겪고 있다고 본다.

3) 갈등, 사람의 욕심에서 시작되는 것인데……

"지도자가 개인적인 욕심이 너무 강하면 문제를 야기하니 욕심을 부리지 말아야 한다"라고 이야기한다. 다른 말로 이야기하면 "개인의 욕심을 버려야 한다"는 뜻이다. 그러나 욕심이 없는 사람이 존재할 수 있을까? 어떤 일을 시작할 때 자신에게 이익이 되는지 여부를 미리 생각하지 않고 무조건 봉사정신과 희생정신이 우선적으로 작용하는 사람이 있을까?

마을에서 발생한 갈등은 주민과 주민, 즉 사람 간의 분쟁이다. 간혹 형제같이 지낸 이웃사촌 간의 싸움이라고 이상하게 생각하는 사람들이 더러 있다. 그러나 부모가 같은 형제자매 간에도 발생하는 것이 갈등인데, 친형제자매도 아닌 이웃 간의 갈등을 이상하게 생각하는 것 자체가 더 이상한 것은 아닐까?

마을공동사업에서 발생한 갈등의 외형적인 원인은 마을에서 출연할 수 없는 거액의 자금이 무상으로 생긴 데서 시작된다. 그 동안 마을에서 살아왔던 주민들도 변한 것이 없고, 농사를 지으면서 이웃 간에 살아온 생활방식 또한 바뀐 것이 없다. 단지 변한 것은 마을에서 마을공동사업이라는 새로운 사업을 시작하게 되었다는 것과 정부로부터 사업자금을 지원받았다는 것이다. 즉, 지원자금, 그것도 상환책임이 없는 무상지원금인 돈이 마을주민 간 갈등을 일으키게 한 주범이 되는 셈이다.

돈에 대한 욕심에서 자유로운 사람이 있을까? 부모로부터 유산을 물려받을 때 친형제자매 사이에 분란이 없는 집안이 얼마나 있을까? 혹시 글을 쓰고 있는 본인이나 글을 읽고 있는 독자의 집안이라고 예외일 수 있는가? 언론에 노출된 유명한 기업가 집안이나 정치적 · 사회적으로 덕망이 높은 집안이라고 해서 재산에 대한 욕심으로부터 자유롭다고 할 수 있을까?

예로부터 "가난한 집안은 우애를 하지만 부자 집안은 우애하지 못한다"라는 말이 있으며, "있는 사람이 더 한다"는 이야기도 있다. 우리 주변에 가난한 사람은 착한 마음씨를 가진 사람들이고, 부자들은 엉덩이에 뿔이 난 사람같이 악하고 고집불통인 악마로 묘사가 되곤 한다. 흥부와 놀부전을 비롯한 양보와 희생정신과 관련된 이야기들은 모두 재산분배 때문에 발생하는 혈연 간의 갈등문제를 미연에 방지해 보고자 하는 노력의 결과라고 생각한다. 그런데 내용의 본질을 다른 시각에서 살펴보면 가난한 집안이 우애하는 것은 부자들보다 착하고 인간적으로 성숙하였다기보다는 형제 간에 나누어 가져야 할 재산이 없기 때문에 서로 다툴 필요가 없다는 뜻으로 해석될 수도 있다. 특별하게 얻을 소득도 없는데 형제 간의 의리까지 상할 필요가 없다고 생각할 수 있다는 뜻이다.

부모로부터 재산을 물려받는 과정에서 형제 간의 분란으로 기업이 쪼개지는 경우도 있고, 백여 년 동안 형제 간에 동업관계를 유지하였다는 대기업도 고소 · 고발로 형제들이 법의 심판을 받는 경우도 있으며, 우리나라 재계에서 자식교육이 가장 잘 된 집안 중의 하나라고 평가를 받았던 기업도 형제의 난에 의해 갈등의 골이 깊어지는 경우도 보았다. 일반적인 가정에서라도 생전에 재산분할이 이루어지지 않았거나 재산분할에 대한 유서가 없이 부모의 임종을 맞은 경우 자식들의 재산분배가 조용하게 마무리되는 집안은 그리 많지 않다. 심지어는 아버지와 아들이 기업의 권한을 두고 다툼이 있고, 법정 심판까지 가는 갈등문제는 어느 누구에게도 자유로운 문제가 아니다.

외국의 경우에도 예외는 아니다. 미국의 유명한 신문 칼럼에 소개된 사례를 보면 다음과 같다.

사 례

죽기 전 어머니가 구두로 형제와 자매에게 자신의 유산을 처리하는 방법을 일러 주었다. 어머니가 돌아가신 후 멀리 떨어져 사는 형제들이 시간이 조금 지난 후 모이게 되었다. 그러나 가장 먼 곳에서 거주하는 큰딸은 생전의 어머니 집에 모였을 때 깜짝 놀라고 말았다. 그 이유는 어머니의 집은 남동생이 살고 있었고, 어머니가 생전에 자신에게 주겠다던 커다란 루비반지는 여동생의 손가락에 끼어져 있었기 때문이다. 결국 큰딸은 변호사와 상담을 하게 되었다. 상담 변호사는 큰딸에게 "법적으로 하면 당신의 몫을 찾을 수 있습니다. 그런데 소송을 시작하기전에 형제 간의 우애와 어머니의 유산인 루비반지의 가치와 비중 중 어떤 것이 더 소중한가를 검토해 보세요"라고 이야기하였다.

재산에 관한 갈등은 동서고금을 불문하고 인간의 욕심에서 유발되는 산물이다. 마을공동사업에서 농민들이 접하고 있는 갈등은 극히 자연스러운 현상이라 할 수 있다. 그리고 갈등유발요소는 재산을 비롯해서 수많은 인자가 작용하고 있기 때문에 단순히 이장이나 위원장과 같은 지도자들의 잘못만으로 지적할 수 없다.

2. 마을공동사업의 특성을 제대로 이해하고 있는가

1) 마을공동사업은 모든 사람들이 꺼리는 '동업'이다

집안 어른들로부터 무슨 일이 있어도 동업을 하지 말라는 제언을 듣고 살아 왔다. 마을사업 강의를 듣는 마을주민이나 마을지도자, 그리고 심지어는 마을공동사업을 주관하고 있는 공무원들조차 대부분 동업에 대해서 거부반응을 보이고 있을 만큼 우리 사회에서는 "동업은 해서는 안 될 부정적인 단어"로 인식하고 있다. 이것은 수익을 추구하는 사업에서 여러 사람이 함께하는 동업이 얼마나 어려운가를 나타내는 말이다. 동업이 어렵다는 것은 동업에 관여하는 사람들 사이에 발생하는 의견 차이를 극복하기 쉽지 않다는 말이며, 그 이면에는 상대를 믿을 수 없다는 불신이 자리잡고 있어서일 것이다. 결국, 사람이면 누구나 가지고 있는 개인이익을 추구하려는 욕심이 있기 때문에 나타나는 현상이라고 볼 수 있다.

마을공동사업을 추진하고 있는 사람들이 모여 있는 곳에서 "친구나 친지에게 동업을 제안받으면 어떻게 하시겠습니까?"라고 질문을 하면 거의 대부분의 주민들이 "절대로 안 한다"라고 고개를 살래살래 흔든다. 그러는 주민들에게 "여러분 여기서 무슨 회의를 하십니까?"라고 질문을 하면 "우린 지금 마을공동사업계획을 협의하고 있는 중이다"라고 답을 한다. "잘 되고 있습니까?"라는 질문에는 당연히 "잘 안 됩니다. 어렵습니다"라고 하든지 "이제 잘 하려고 모였으니 잘 될 것이다"라고 답을 한다.

동업은 절대로 해서는 안 된다고 심한 거부반응을 보이는 주민들이 동업의 일종인 마을공동사업을 준비하거나 추진하면서 회의를 하고 있는데 뭔가 앞뒤가 맞지 않는 상황은 아닐까? 동업을 거부하는 사람들이 모여서 계획하는 그 공동사업이 잘 되기를 기대할 수 있을까? 가족이나 형제들로 이루어진 동업에서도 분란이 발생하고, 갈등이 심화되면 법정싸움으로 번지고 있는 회사들을 보면서도 마을공동사업은 잘 될 것이라 생각하는 것은 어떤 근거에서 나온 낙관적인 생각일까? 공동체사업이니 저절로 잘 될 것이라고 생각하는 것인지, 정부에서 지원하고 관심을 갖는 사업이니 잘 되게 도와 줄 것이란 생각인 것인지, 아니면 그 동안 마을사람들이 서로 우애 있게 잘 지내 왔던 공동체 생활이니 공동사업도 잘 될 것이라 생각하는 것인지, 참 도무지 이해가 되지 않은 일들이 우리나라 농어촌에서 벌어지고 있다.

우리나라의 농촌마을은 공동체 사회라고 하고, 또 그 동안 여러 가지 마을공동사업을 무리 없이 잘 해 온 것도 사실이다. 그러나 오랜 역사를 지니고 있는 농촌마을의 공동체활동은 수익사업이라기보다는 능력껏 서로 돕는 친목사회 형식이었으며, 지금과 같이 마을공동사업을 통해 공동이익을 추구하는 수익사업을 해 본 경험은 거의 없는 실정이다. 설령 비슷한 유형의 사업을 시도해 보았다 하더라도 성공사례보다는 실패한 경우가 더 많은 것도 사실이다.

현재 정부나 지방자치단체에서 지원하고 있는 농촌체험 관련 사업은 그 형식은 여러 가지로 보이지만 내용은 공동사업인 동업의 개념으로 추진되고 있다. 기존의 마을사업하고는 다르게 마을수익사업, 즉 동업을 위한 지원금(출자자본)을 가지고 마을주민이 합심하여 수익을 창출하는 경제활동이다. 현재 사업이 성공적인 마을이나 지원금을 받아 이제 준비하는 마을에 이르기까지 대부분의 농촌마을들은 사업의 성공에 대한 의욕은 넘치나 공동사업을 추진하는 과정에서 직면할 수 있는 여러 가지 갈등관리에 대해서는 거의 대책을 세워 놓지 않았다. 그 결과 마을 자체가 붕괴될 위기에 처해 있다.

농촌체험관광사업은 마을사람들이 공동으로 참여하여 마을의 수익을 높이고, 그 결과 사업에 참여한 주민들이 잘 살게 되는 것을 목적으로 하고 있는 일종의 동업이다. 많은 사람들의 의견을 듣고, 서로의 의견 차이를 설명해서 설득을 하거나 설득을 당하면서 공동의 이익을 위해 매진해야 하는 동업이다. 따라서 개인의 생각과 능력이 서로 다른 마을사람들이 추진하는 사업에서 다양한 갈등이 발생하기 마련이고, 발생된 갈등을 회피하거나 현명하게 관리되지 못한다면 결국 분쟁이 심화되어 마을공동사업은 실패로 끝날 수밖에 없다. 단순히 사업의 성패를 떠나서 지역주민들 사이의 괴리가 심화되면 옛날의 마을 분위기로도 회귀할 수 없는 최악의 결과만 남게 될 수도 있음을 명심해야 한다. 동업은 재산손실뿐만 아니라 인간관계까지 훼손시키는 위험한 사업유형인 것과 같이 마을공동사업도 우애로운 마을의 기본 구도를 파괴시킬 수 있는 동업이라는 사실을 잊지 말아야 한다.

2) 동업, 사업내용부터 자세히 파악하자

동업을 성공시키기 위해서는 많은 준비 과정이 필요하다. 우리나라의 경우 통상적으로 같이 일해야 할 동업자가 인간적으로 신뢰할 수 있는 사람인가를 먼저 평가한다. 자신과 오랫동안 가까이 지내 왔던 과정에서 믿을 수 있는 사람인가를 보겠지만, 특히 주변의 지인을 통해 그 사람의 실력이나 성격, 인간관계, 가족관계 등 여러 가지 정보를 얻는다. 이전에 동업관계에 있었던 사업의 동반자가 있다면 사업과 직간접적으로 관련된 거의 모든 정보를 얻으려고 한다. 우리나라의 특수한 상황이기는 하지만 운명철학관에 동업 상대의 사주를 가지고 가서 자기와 같이 사업을 해도 좋은지 사주팔자를 보는 경우도 있다. 서로 사업궁합이 맞는가를 물어 보게 되고, 또 조심해야 할 사항에 대해 조언을 얻는 경우가 많다. 그만큼 상대에 대한 믿음의 여부가 동업 상대 선정의 중요한 인자가 된다.

동업의 제안을 받고 투자를 권유받게 되면 투자의 결과 얻게 될 수익을 보장받고 싶어한다. 광고를 통해서 일반인에게 공개적으로 투자광고를 하는 경우 투자의 규모에 비해 상대적으로 수익이 크다는 것을 부각시키는 동시에 적어도 어느 정도의 수익을 보장한다는 내용이 포함되어 있다. 사업이 실패할 수 있는 가능성도 있고, 또 동업자에 대한 신뢰에도 확신이 가지 않지만 투자자가 감수해야 할 부담을 상쇄시켜 줄 수 있는 확실한 수익이 보장된다면 동업자는 기꺼이 투자를 결심하게 될 것이다.

투자를 결정하고 동업자로서 같은 길을 가고자 하는 경우 사업계획서를 면밀하게 검토하는 과정이 필요할 것이다. 사업의 목적은 무엇이며, 그

사업이 성공할 만한 확신이 들게 하는 근거는 타당한가? 사업의 추진방법이나 앞으로 운영관리가 합리적이고 적절한가? 투자자에게 수익을 보장해 줄 만큼 사업성공의 타당성이 있는가를 면밀히 분석한다. 그리고 사업설명의 내용과는 다른 숨겨진 문제점을 찾아 내고 자신의 궁금증이 해소될 때까지 아주 세심하게 사업계획서를 분석하게 된다. 사업이 실행되는 과정에서 수정 · 보완해야 할 사항이 많이 있겠지만 우선 서류상으로나 계획서상에서 사업을 확실하게 파악하려는 노력은 동업을 결정하기 전에 거쳐야 할 필수적인 과정이다.

"마을공동사업이 동업의 일종이다"라고 이해가 된다면 동업에 참여하는 주민들은 서로 동업자가 되는 셈이다. 오랫동안 한 마을에서 지내고 있다고는 하지만 서로 동업을 할 만큼 신뢰가 높은 사이인가? 마을사업계획서상 문제점은 없는 것인지, 사업이 성공할 만한 확실한 근거와 타당성은 있는 것인지, 투자와 운영 그리고 책임과 분배에 관한 확실한 내용과 자신들이 무슨 역할을 해야 하는지 분명히 이해가 되었는가? 미래의 상호 신뢰에 대한 해답을 사주팔자 풀이를 통해서 얻고자 하는 일반풍속같이 마을주민들 간의 사주팔자 풀이라도 해 보았을까? 운명론자의 조언을 듣는 것이 필요하다는 뜻이 아니라 그에 버금가는 고민과 노력을 해 보았느냐는 뜻이다.

마을공동사업에 대한 계획서는 있지만 이 사업의 동업자인 주민들이 얼마나 자세히 파악하고 있으며, 사업의 내용을 이해하기 위해 상세히 분석하고 이해하려는 노력은 하고 있는 것일까? 사업의 추진방법이 옳다고 여기고 있는지, 이 사업을 통해 주민들은 어느 정도의 이익을 보장받게 될 것인지, 또 사업의 책임자는 계획내용을 성공시킬 의지와 능력은 있는지, 만일 실패하였을 때 적절하게 책임을 질 수 있는 사람이며, 책임을 물을 수 있는 합리적인 체제를 신뢰하고 있는 것인지 등을 스스로에게 질문을 해 볼 필요가 있다. 자신의 자금을 투자해서 하는 동업 같으면 지금과 같이 안이하게 마을공동사업에 참여하고, 소극적이고 무소신적으로 관망하고만 있을 것인가를 되묻고 싶다.

3) 동업의 기본은 책임과 분배에 있다

마을공동사업을 추진하기 위해서는 구성원 간에 책임을 져야 할 부분이 있다. 노력봉사에서부터 시작해서 자신의 생산근거인 토지나 작목, 그리고 출자에 이르기까지 개인재산을 갹출하고 경비를 부담해야 한다. 동시에 마을사업이 활성화되었을 경우 각자의 투자에 비례해서 수익의 분배문제나 추후 마을재산의 공동관리에 대한 문제를 사전에 논의해야 한다. 확실한 책임소재와 분명한 역할을 밝히지 않은 공동사업은 출발부터가 문제이다.

농촌관광을 통하여 발생한 이익부분을 누가, 어떻게 관리해 줄 것인가에 대한 문제가 있다. 공동의 이익에 대한 개인의 입장은 모두 다를 수 있으며, 또한 공동이익이 마을을 위해 사용된다고 하더라도 각자 생각하는 사용처 우선순위에 있어서 그 의견을 달리할 수 있다. 공동이익에 대한 효율적인 관리가 이루어지지 않는다면 오히려 공동체의 와해를 초래할 위험이 있으므로 이에 대한 신중한 고려가 필요하다. 사업이 실패할 경우 누가 책임을 지고, 그 손실을 누가 부담할 것인가는 더욱 심각한 문제다.

마을공동체를 위한 사업이라지만 개인이 책임져야 할 부분과, 수익이 발생하였을 때 받을 수 있는 자신의 몫에 대한 갈등은 근본적으로 적게 책임을 지고 많은 이익을 챙기려는 인간적인 욕심에서 유래된다. 일종의 무임승차를 하고 싶어하는 심리적인 욕심에서 시작된다. 기존의 생활공동체에서는 봉사정신에 입각해서 마을공동업무에 참여하였으나 수익사업인 공동사업에서는 사업의 성패에 대한 책임과 노동참여에 대한 대가, 그리고 사업의 결과로 얻게 될 수익의 분배와 같은 새로운 논의거리가 빈번하게 발생한다. 동업을 하기 두려워하는 마을주민들이 동업을 통해서 직면하게 되는 새로운 문제에 대해서 걱정도 하지 않고, 미리 대비책도 마련하지 않고 있는 실정은 실로 답답하기 그지없다. 때에 따라서는 상대를 의심할 수도 있고, 견제해야 할 때도 있으며, 상황에 따라서는 심하게 다투어야 할 필요도 있는 공동사업에 대한 책임소재와 수익분배 원칙에 대해 사전논의가 필수적이다.

4) 공동이익 추구의 허구성

관광농원은 개인사업이기 때문에 사업의 모든 책임이 개인에게 있으므로 이익에 대해서도 분배의 갈등이 있을 수 없다. 투자 여부도 자신이 결정하고 투자금도 자신이 만들어야 한다. 그러므로 경영상 의사결정도 자기주도적이며, 그 결과 얻게 되는 수익이나 실패에 대한 책임도 자신의 몫이다.

그런데 농촌체험관광사업은 마을공동사업으로 정부의 지원금으로 투자는 이루어지고, 수익도 같이 나누어 가져야 하는 공동체 이념을 구현하는 형식을 갖추고 있다. 공동노력과 공동분배의 개념은 간결하다. 사회적으로도 바람직하게 보이지만 그 개념의 이면에는 엄청난 모순이 내포되어 있고, 현장에서 이 목적을 실현하는 데에는 심각한 갈등이 유발되고 있다. 자유경쟁에 입각한 자본주의 경제구조인 현대 농촌사회에 사회주의 경제원리를 도입하려는 것이 현실적으로 무리일 수밖에 없다.

마을에서 직면하고 있는 운영상 갈등은 농촌관광사업의 운영방식의 개념인 공동체사업 자체에서 시작된다. 일단 수익사업, 그것도 동업에 익숙하지 못한 농촌에서 공동사업을 너무 쉽게 도입하고 있다. 동업은 하지 말라고 할 정도로 심리적으로 부담스러워하며, 동시에 기술적으로 어려운 경영방식을 기초연구도 없이 곧바로 농촌문화에 도입하려는 것 자체가 무리이다. 종교적 목적이나 사회사업의 목적에서도 성취하기 어려운 공동이익 추구 및 공동분배 방식이 농촌에서 실현될 수 있겠는가? 마을공동이익 추구는 기술적으로 어려워 결국에는 주민의 불만이 커지고 분배에 대해서도 만족하지 못해 갈등의 원인이 되고 있다.

공동체 생활의 상징으로 이스라엘의 협동농장 사례가 자주 등장한다. 공동생활을 하면서 함께 생산하고, 이익을 공동으로 분배하는 모습을 통해 개인의 이익에 집착하는 현대사회를 비판하는 경향도 있었다. 무한경쟁사회에 비교되는 개념으로 사람들의 마음에 간직된 협동하는 아름다운 모습 중의 하나라고 할 수 있다. 그러나 언론보도에 의하면 구소련의 붕괴와 더불어 협동농장도 문을 닫게 되었다고 한다. 사회주의의 분배이론이 이스라엘 젊은이들에게 공감을 얻지 못하였기 때문이었다. 최근 들어 협동농장이 다시 활성화되기 시작하였다. 두 가지의 정책이 보완되었는데, 변화된 정책의 한 가지는 협동농장에서 사유재산을 인정하기로 하였고, 또 다른 한 가지는 능력에 따라서 분배하는 경쟁원리를 도입한 것이다. 아무리 공동사회라고 해도 결국 함께 노력해서 얻은 결과를 같이 나누어 쓴다는 사회주의적인 분배원리가 현 시대에는 적합하지 못하다는 것을 입증한 셈이다.

농촌체험관광을 위한 여러 가지 사업이 공동사업과 개별사업의 구분 없이 그저 마을의 소득 증대를 위한 내용이면 무분별하게 도입되고 있다. 잘못하면 마을공동사업이라는 명분 아래 그 동안 개별적으로 운영되었던 개인사업, 예를 들어 펜션이나 민박, 귀농을 한 예술가의 체험장 운영, 그리고 관광농원을 비롯한 개별농원 등은 심한 타격을 받게 된다. 심한 경우에는 개인사업을 포기하고 마을공동사업에 참여하라는 강요를 받든지, 마을공동사업과 차별화되기 때문에 퇴출되어야 한다는 식으로 인민재판식 퇴출 압력을 받을 수도 있다. 사업참여의 범위, 참여방법, 규모, 공동분배 방법, 그리고 운영과 관리상에서 자유롭게 공존하면서 함께 발전할 수 있는 방법

등이 심도 있게 논의되어야 한다.

3. 마을공동사업의 운영과 관리는 누가 할 것인가

1) 마을공동사업 운영관리계획은 있는가

마을지도자나 주민들을 대상으로 교육을 하는 동안 "여러분 마을사업이 성공적으로 추진되기 위해서는 적절한 사업계획이 사전에 세워져야 한다"라는 이야기를 한다. 대부분의 농민은 조용히 듣고 있지만 속으로는 불편해 하거나 자존심이 상한 사람도 있을 것이다. 그 중에서 심하게 마음이 상한 사람은 "요즈음 농촌을 잘 모르시는 것 같은데 사업을 하면서 계획서가 없는 경우가 어디 있습니까? 사업계획서가 없는 경우에는 지원도 받을 수 없습니다"라고 항변한다.

조경계획, 관광지개발계획, 지역계획, 특히 마을 관련 컨설팅을 전문으로 하고 있는 사람으로 마을마다 사업계획서가 없다고 생각하고 지적한 것은 아니다. 마을의 사업계획이 필요하다고 지적한 것은 마을사업의 운영관리계획이 없거나 미흡하다는 뜻이다. 최근 들어서는 마을의 지도자나 관련 공무원들이 사업의 내용을 잘 파악하고 있고, 관련된 보고서 등 수많은 참고자료를 공유하고 있으며, 초창기와는 다르게 마을사업을 전문적으로 컨설팅하는 회사들도 많아 마을사업계획서를 작성하는 데 어렵지 않다.

현재 마을에서 수립한 사업계획은 엄밀하게 지적을 하면 예산집행계획서라고 하는 것이 적절하다. 정부로부터 지원받은 예산을 사업 목적에 합당하게 사용하기 위한 사업계획서라는 뜻이다. 마을공동사업을 위해 프로그램을 도입하고, 필요한 시설규모를 산정하며, 시설배치계획을 수립하고, 최종적으로 마련된 마스터플랜에 의거해서 예산을 집행하는 계획서인 것이다. 계획서의 대부분은 예산집행을 위한 계획내용으로 구성되어 있으며, 운영관리계획은 마지막 부분에 형식적으로 간단하게 제시되고 있다.

돈은 쓰는 것보다 버는 것이 더 어렵다는 것을 모르는 사람은 아무도 없다. 정부에서 무상으로 제공되는 예산을 사용하는 계획을 세우고 집행하는 것은 사업을 해서 돈을 버는 일에 비해 상대적으로 참 쉬운 일이다. 정부 지원금이 마을에 무상으로 제공되는 것은 마을주민들에 의해 수익사업이 성공하여 마을경제에 도움이 되게 하기 위함이다. 즉, 지원금을 활용해서 돈을 버는 사업이란 뜻이다. 돈은 어떻게 벌 것이며, 또 수익이 발생하면 어떻게 사용할 것인가와 같은 현실적인 문제가 주어진 예산을 집행하는 일보다 중요하다는 뜻이고, 아무리 화려한 계획이라도 돈을 벌지 못한다면 의미가 없다는 뜻이다.

"아직 수익이 없는데 어떻게 운영계획을 세웁니까? 우선 사업을 시작한 후에 수익이 발생하면 그때 운영계획을 세우면 되지 않습니까? 사업을 시작하는 것이 우선이고 운영에 관한 문제는 다음에 생각해도 늦지 않을 것입니다"라고 당당하게 답변을 하기도 한다. 듣기에는 합리적인 것 같지만 그 내용을 면밀히 검토하면 많은 모순을 내포하고 있다. 만일 주민들이 자신의 자금으로 마을공동사업, 일종의 주민들 간의 동업을 시작하였다면 지금과 같은 이야기를 할 수 있는가를 생각해 볼 필요가 있다.

사업에 투자를 권유받거나 투자하고자 할 때는 투자규모와 투자 후 어떤 이익을 얻을 것인가를 비교분석하게 된다. 사업 자체가 성공할 수 있는 유망업종인가도 검토되어야 하고, 사업계획 내용도 중요하지만 자신이 투자 후 안전하게 이익을 보장받기를 바라고 있다. 안전한 이익보장이란 당장은 아니라 하더라도 일정 투자기간 후에, 어느 정도의 수익을 얻을 것인가란 수익보장의 담보를 알고 싶은 것이다. 자신의 귀한 자금을 투자하고도 어떻게 이용될 것이며, 그 결과 수익이 어느 정도로 보장될 것인가를 모르고 막연하게 잘 되면 그때 가서 보자는 식의 투자를 하는 사람은 아무도 없다. 열심히 분석하고, 검토하고, 자문을 받고 시작한 투자도 성공 여부가 불투명하거나, 수익이 보장된 사업도 실패를 해서 빈털털이가 되는 현실에서 사전운영계획이 검토되지 않는 마을사업의 미래는 밝을 수가 없다.

사업은 성공할 수도 있고 실패할 수도 있다. 마을사업의 운영계획의 경우, 실패를 하게 된다면 누가 어떻게 책임을 질 것이며, 그리고 수익이 발생한다면 어떻게 사용할 것이란 계획이 미리 작성되어야 한다. 수익의 분배에서도 마을지도자들의 수고의 대가는 어떻게 보상되어야 할 것이며, 마을공동기금은 어떻게 조성되고, 또 마을사업 확장을 위해 어떤 방식으로 적립금을 조성해야 할 것인가란 계획을 미리미리 수립해 두어야 한다.

마을사업이 성공한 후에 운영계획을 수립하려고 하면 마을주민들 개개인의 이기적인 생각이 커져서 서로의 의견을 취합하고 조정하기가 더 어려워진다. 많이 모아진 마을기금을 사용하지 못하고 있는 마을들이 있다는 것은 주민들이 서로 많은 혜택을 받고 싶어하기에 분배하지 못한다는 것으로 이를 조율하는 것은 매우 힘든 일이다. 즉, 운영계획이 없는 자체가 분쟁의 소지를 안고 시작한 것과 같다.

반대로 사업이 실패할 경우 마을사업을 책임지고 다시 일으키려고 노력하려는 사람은 거의 없다. 자신의 일도 아닌 마을공동사업인데 시간과 노력, 그리고 별도의 자금투자를 하면서 사업회생에 신경을 쓰는 사람은 없을 것이다. 사업의 성패가 불분명한 시작 단계에서 가상적인 결과를 예측하면서 마을사업에 대한 운영관리계획을 상세하게 수립해 두는 것이 추후 마을의 갈등을 감소시키는 지름길이다.

2) 마을공동사업의 지속성을 어떻게 유지할 것인가

마을공동사업은 조성사업이 끝난 후 2~3년이 고비이다. 마을의 갈등은 사업을 준비하는 단계에서부터 크고 작은 분란이 계속되지만 2~3년이 지나면 마을사업이 성공적으로 지속될 것인지, 아니면 침체되어 유명무실한 사업으로 전락할 것인지 가려지는 기간이기도 하다. 처음 2~3년 동안 마을지도자도 공동사업에 몰두하고 마을주민들도 관심을 가지고 참여를 하지만 시간이 지날수록 쉽지 않은 사업이라는 것을 깨달게 되고, 또 노력한 것에 비해 가시적인 효과도 크게 나타나지 않게 되면서 점점 사업에 대해 회의적인 생각이 팽배해지는 것이다.

지도자의 경우 자신의 가정이나 개인 일까지도 소홀히 하면서, 동시에 경제적인 부담을 안고도 마을을 위해 헌신적으로 노력하지만 각종 비판과 악성 루머까지 감수해야 한다. 결국 자의반 타의반으로 지도자의 자리를 그만두는 사례가 늘고 있다. 지도자 가족의 경우 지도자보다도 더 큰 정신적인 상처를 받게 되고, 그 결과 지도자의 자리를 그만두기를 강권당하는 경향이 있다. 결국 지도자의 노력이 순수하게 받아들여지지 않을 뿐만 아니라 지도자의 노력의 대가가 정신적으로나 물질적으로 정당하게 이루어지지 않기 때문에 스스로 사업참여 의지를 접는 경우가 많다.

타의에 의해서 마을지도자가 바뀌는 경우도 많다. 앞에서 언급하였듯이 사업추진 중에 발생되는 갈등의 책임을 지도자에게 돌리고, 간단한 회의를 통해 손쉽게 새로운 마을지도자를 선출한다. 사업의 책임자가 이장인 경우 임기가 끝난 후 새로운 이장이 선출되고, 마을사업의 추진 중심이 새로운 이장으로 이관되게 된다. 이런 경우 마을사업의 지속성이 유지되지 못한 경우가 많다. 마을공동사업이 마을단위로 정부에서 자금이 지원되는 사업이므로 마을행정 책임자인 이장이 책임지고 관리하는 것이 유리한 부분도 있다. 그런데 마을사업을 단순히 행정적인 관리로 성공시킬 수 있는 것이 아니기 때문에 사업의 책임자가 수시로 바뀌는 것은 마을사업의 지속성 유지에 문제가 발생한다.

우리나라 초창기 체험마을 중 스타 마을로 각광을 받은 곳이 많다. 다양한 정부의 지원금도 유치해서 주변 마을로부터 질시와 부러움을 한껏 받은 마을이기도 하였고, 선진 사례 지역으로 많은 사람들의 방문을 받은 곳이기도 하였다. 그러나 마을지도자가 바뀌면서 지금까지 잘 해 왔던 마을공동사업에 이상기류가 발생하기 시작하였다. 동시에 그 동안 잠재되었던 주민 간의 갈등문제까지 불거지면서 초창기의 명성은 사라지고, 침체국면을 벗어나지 못하는 상황에 이르는 경우도 있다. 마을사업을 이해하지 못하거나 관심이 없는 사람이 사업운영의 책임자가 되거나, 자신의 농사일이 너무 많아 마을공동업무에 시간과 노력을 충분히 투자할 수 없는 여건의 지도자가 이장으로 선출될 경우 그 동안 잘 추진되었던 마을사업도 곧바로 침체 상태에 빠지게 된다.

마을사업은 공동사업이기 때문에 특정인이 지배하는 개인사업과 차이가 있다. 그래서 사업의 책임자는 마을주민 중에서 선출되는 것이 바람직하다. 마을사업의 책임자는 마을공동체를 위해서 희생하는 일종의 봉사직이기 때문에 특정 사람에게 책임자의 부담을 오랫동안 부여하는 것도 부담스러운 것이다. 지금과 같이 마을주민들이 돌아가면서 책임자를 맡는다는 선출방식은 서로를 배려하는 측면에서는 공동체사업의 운영방식에 적합하다고 보여질 수도 있다. 그러나 사업이 지속적으로 유지되기 위해서는 꼭 바람직한 방법이라고 할 수 없다.

마을사업의 가장 중요한 핵심은 성공 여부에 달려 있다. 수익사업은 계속해서 살아 남아야 한다. 아무리 작은 창업이라고 해도 3년을 생존하는 비율이 한 자리 숫자의 범위를 넘지 못하며, 안정적이라는 창업 후 5년을 생존하는 비율은 더 낮은 현실에서 마을공동사업 또한 지속적으로 생존할 수 있다는 것은 참 어려운 일이다. 그리고 어려운 환경에서도 사업이 지속되도록 모든 수단과 방법을 동원해야 할 형편에서 잘 하고 있는 지도자를 평가절하하거나 손쉽게 바꾸는 것은 마을공동사업 운영방식에서 큰 문제가 아닐 수 없다.

마을수익사업의 운영이 지도자들을 훈련하듯이 수시로 바꾸는 일을 반복해서는 안 된다. 마을주민이 돌아가면서 한 번씩 해 보는 경영자 수업식 경영이 되어서는 안 된다. 잘 한 사람은 큰 잘못이 없는 한 지속적으로 사업을 책임지도록 해야 하며, 더 노력해서 발전시켜 나가야 한다. 기업에서도 수익을 많이 내고 회사를 잘 관리하는 CEO는 오랫동안 사장의 자리를 유지할 수 있으며, 더 큰 회사로 스카웃되지만, 그렇지 못한 책임자는 책임을 물어 해고당하는 것이 현실이다. 회사가 많은 수익을 올리면서 잘 관리되어 오랫동안 생존하는 것이 가장 큰 덕목인 것과 마찬가지로 마을공동사업도 일반회사와 같이 오랫동안 번창할 수 있는 체계를 유지해야 한다.

우리나라 마을공동사업이 중소기업으로 성장하기 위해서는 능력 있는 지도자가 발굴되어야 하고, 동시에 지속적으로 사업을 운영할 수 있도록 그 직위가 보장되는 제도가 마련되어야 한다.

3) 지도자의 봉사와 희생정신만으로 마을사업을 성공시킬 수 있을까

마을지도자 교육을 하는 동안 어느 마을지도자를 만났다. 그 곳은 마을사업이 성공적으로 이루어져 전국적으로 잘 알려져 있는데, 마을사업이 성공하게 된 배경에는 오랫동안 마을이장을 맡은 지도자가 있었다. 다른 곳에서는 그 마을을 방문해서 성공 사례를 듣고 싶어할 정도로 매력적인 마을이었고, 지도자는 마을공동사업 지도자로서의 모범적인 이장이었다.

그 동안 고생하였다는 주위의 덕담에 대해 "감사합니다. 이제 나이도 있고, 마을의 발전도 안정적인 궤도에 올라왔으니 저도 이장직을 그만둘까 합니다"라고 답하였다. "아니 앞으로 해야 할 일들이 많이 있을 텐데 마을 일은 누가 합니까?"라는 걱정에 대해 "걱정 없습니다. 그래서 오래 전부터 후계자를 키워 왔습니다. 마을에서 태어서나 농사를 짓고 있는 젊은 사람인데 희생정신이 강하고, 주위의 어려운 사람을 돕는 봉사정신도 강하므로 마을일도 잘 할 것입니다"라고 답을 하였습니다. 일반적으로 보면 별 문제 없이 지도자의 세대교체가 잘 이루어지고 있는 것 같아서 부러움을 살 만하다. 그러나 젊은 새로운 지도자가 개인적으로 희생이 따르는 마을사업을 순조롭게 추진할 수 있는지 의문이 생긴다.

지금까지 마을의 발전을 위해 헌신적으로 노력해 주신 이장님은 연세가 많은 동네 어른인 동시에 지역의 유지로 재산도 가장 많은 사람이다. 그리고 생각도 앞서고, 마을의 미래에 대해서도 선경지명이 있는 사람이다. 경제적인 부담 없이 마을을 위해 봉사하며 희생정신으로 지도자 역할을 담당할 수 있었을 것이다. 그런데 나이가 어리고 결혼을 해서 부양해야 할 자녀들까지 있는 젊은 지도자가 훌륭한 선배와 같이 봉사와 희생정신으로 마을사업을 추진할 수 있을까?

지금까지 마을지도자에게 요구되는 덕목은 희생정신과 봉사정신이 투철한 젊은 마을사람으로 종합된다. 물론 지식도 많이 있어야 하고, 건강해야 하며, 또 마을운영이나 사업경영의 능력도 겸비해야 하는 등 만능인을 원하고 있을지도 모른다. 하지만 그 지도자가 마을을 위해 얼마나 많은 시간과 노력을 투자해야 하고, 사소한 경비까지 지출해야 하는 부담을 걱정해 주는 사람들은 얼마나 될까? 마을주민들은 젊은 지도자의 어려운 상황을 생각이나 하고 있는지 의심스럽다.

"이장님 지금까지 훌륭한 일을 하셨습니다. 그런데 이장님께서 후계자에게 업무를 인계하시면서 꼭 정립해 주셔야 할 일이 있습니다. 지금까지 이장님은 경제적으로 부유하고, 자제분들도 다 장성하였기 때문에 경제적으로나 시간적으로 부담이 없으셨지 않습니까? 젊은 후계자는 살림도 넉넉하지 못할 것이며. 애들도 어리니 가족부양을 위해서 마을일보다는 개인사업에 신경을 써야 할 입장일 것입니다. 개인적인 업무에 투자할 수 있는 시간과 노력을 마을공동사업에 투입하는 만큼 그에 상응하는 대가를 마을에서 지불해야 마땅할 것입니다. 이장님 자신을 위해 대우를 해달라고 하면 이상하게 보겠지만 이장직을 명예롭게 마무리하는 입장에서 차기 이장부터 이장의 대우문제를 꼭 정한 후에 인계하시는 것이 좋을 듯합니다"라고 부탁을 하였다.

마을공동사업의 책임은 그 동안 봉사직으로 업무를 수행하였던 이장직과는 성격이 전혀 다른 업무가 추진된다. 사업을 지속적으로 발전시키기 위해서 책임자는 시간과 노력, 그리고 비용까지도 올인해야 할 상황이 발생한다. 단순히 봉사정신으로 마을을 맡아달라는 권유만으로 사업의 책임자 역할을 충분히 수행할 수 없다. 지도자는 기본적인 능력을 갖추어야 하지만 노력에 상응하는 대우를 보장해 주는 마을의 배려가 있다면 지도자의 능력을 배가시킬 수 있을 것이다.

4) 현재 이장의 역할, 옛날과 다르다

마을공동사업을 추진하는 마을에서 사업의 대표는 주로 마을이장이 맡고 있다. 이장은 마을을 대표해서 이미 선출된 사람이기도 하거니와 마을행정을 책임지는 사람이기 때문에 마을사업의 책임자를 맡는 것은 자연스러운 일일 것이다. 특히, 주민의 의견을 수렴하는 행정업무의 대표 역할이 필요한 사업의 특성상 마을사업을 효과적으로 추진할 수 있는 장점도 있다.

마을에서 발생하는 문제의 책임을 마을대표가 고스란히 감수해야 한다. 마을공동사업을 추진하고 있는 마을대표는 사업을 추진하는 과정에서 여러 차례 바뀌는 경우가 대부분이며, 사업을 준비할 때의 생각과는 다르게 예기치 못한 여러 가지 고통을 받고 있다. 마을을 위한 봉사적인 활동에 무색하게 각종 민원이 발생하고 있다. 행정감사나 감사원 감사를 받기도 하고, 심한 경우 고소 · 고발 사건에 연류되어 구치소에 수감되는 일도 발생하고 있다.

마을공동사업 추진 과정에서 주민의 의견이 분열되어 문제가 발생할 때 그 책임은 온통 이장에게 되돌아온다. 갈등이 발생된 마을에서 이장에 대한 비판은 "너무 독선적이다," "마을주민의 의견을 무시하거나, 형식적이고 일방적이다," "자기 사업을 하려고 욕심부린다," "친한 사람들과 끼리끼리 어울려 다닌다," "사업경험이 없다," "전문지식이 없다" 등 이장이나 그의 가족들이 감수하기에 도를 넘어선 논란들이 많이 있다. 개인적인 사생활이나 가족사까지 언급된다면 체면을 중요시하는 마을에서 상상할 수 없이 상황이 전개된다.

최근 들어 추진되고 있는 마을공동사업은 단순한 마을사업이 아니라 돈을 벌어야 하는 사업으로 기존의 마을사업과는 근본적인 차이가 있다. 농촌마을에서 주민들이 농어업을 대상으로 하는 사업이라는 점에서는 개인영농과 차이가 없으나 개인이 열심히 농사짓는 활동하고는 전혀 다른 새로운 사업의 영역이다. 일종의 수익사업으로 새로운 일감이 생긴 것과 같다. 마을에 새로운 업무가 생기게 되고 이장이 책임을 맡게 되는 것이다. 이런 상황에서 이장은 자기 집안일도 해야 하고, 마을행정업무도 보면서 새로운 사업체도 운영해야 하는 삼중고를 겪어야 한다. 그러면서도 여러 가지 험담을 들어야 하니 이장이 감수해야 할 고충은 이만저만한 것이 아니다.

전통적으로 이장의 행정업무는 이장 자신도 마을의 구성원이므로 농사를 지으면서 자신이 해야 할 일과 주민들의 일을 함께 하는 업무가 대부분이다. 농사를 지으면서 면사무소나 군청을 드나들게 되는데, 가는 길목에 함께 처리하는 일도 많아 그야말로 마을을 위해서 봉사한다는 사명감이 있으면 얼마든지 할 수 있는 일이다. 마을공동사업의 경우에도 여타 다른 일을 하듯이 사업계획과 주어진 예산의 범위 내에서 순리대로 처리하면 되는 단순한 업무라고 간단히 생각할 수 있다. 이장 본인도 그렇게 생각하고 마을사업을 시작하였을 것이며, 마을주민들도 별다른 이견이 없었을 것이다.

마을공동사업은 옛날 이장의 역할 정도로 쉽게 할 수 있을 것이라고 생각하면 큰 오산이다. 농촌체험관광을 중심으로 하는 마을공동사업은 마을주민들의 생업인 농업에다가 체험사업이라는 새로운 업종을 더 첨가하는 형상과 같다. 우리가 간단한 가게를 개업하였을 때라도 준비하는 데 많은 시간이 소요되고, 운영하면서 겪게 되는 고충이 얼마나 큰가? 가게가 번창하기 위해서 주인이 신경을 써야 할 일들이 한둘이 아니다. 주변에 새로 개업한 사업체들이 번창하는 경우 그 사업체의 사장이 물심양면으로 열심히 노력을 해야 가능할 것이라는 것은 누구나 다 알고 있다. 또 정말 어렵다는 것도 알고 있다. 바로 이와 같이 새롭게 사업을 시작하는 사장의 역할이 마을의 이장이라면, 기존의 이장과 달리 이장이 감수해야 할 업무가 상상 외로 많다는 것을 이해할 수 있을 것이다.

5) 독선적인 마을지도자는 마을사업의 적임자가 아닌가

마을공동사업은 수익사업이며 정부의 지원금을 종자돈으로 크게 성공시켜야 하는 사업이라면, 어떤 유형의 지도자가 마을사업을 더 성공시킬 수 있을까를 곰곰이 따져 볼 필요가 있다. 주민들이 마을지도자의 자질문제를 제기할 경우 대부분 “지도자가 너무 독선적이다. 그래서 마을갈등이 많이 생긴다”라고 지적을 한다. 이는 곧 마을사업을 추진하는데 마을주민들의 의견을 충분히 수렴하지 않았거나, 수렴하는 과정이 생략되었거나, 혹은 자기의 계획대로 따라와 주기를 강요하는 독선적인 지도자는 공동사업의 적임자가 아니라는 뜻으로 해석된다.

주변에서 성공한 사업가는 어떤 유형의 사람일까? 방송매체를 통해 소개되는 성공한 사업가들은 대부분 보통 사람들과는 다른 생각을 가지고 있다. 주변 사람들이 반대를 하거나 미처 생각하지도 못한 일을 해서 미친 사람이라고 손가락질을 당한 기인들이 많이 있다. 얼마 전 TV에서 새로운 아이디어 상품을 기업의 대표들이 경매를 통해서 구매하고, 개발자에게 개발자금을 투자하는 프로가 있었다. 대부분의 아이디어 개발자들은 가족뿐만 아니라 친지나 친구, 또는 이웃사람으로부터 이상한 사람 취급을 받으며 자신의 일에 몰두한 사람들이다. 만일 그 사람들이 보통 사람들이 지적하고 평가했던 방법을 선택하였더라면 지금과 같은 성과를 얻을 수 있었을까? 평범한 사고를 가지고 지금까지 어느 누구도 상상하지 못한 부분에서 특허를 받은 새로운 영역을 개척할 수 있었을까? 이처럼 회사를 성공시킨 기업인들은 자신의 판단이 옳다고 생각하면 고집불통인 경우가 많고, 그 결과 주변으로부터 독선적이라며 좋은 소리를 듣지 못한 경우가 대부분이다.

복지사업은 일반기업하고는 다른 성향을 지니고 있다. 복지사업을 책임지고 있는 사람은 기업을 번창시켜야 할 기업인하고는 전적으로 다른 양상을 갖는다. 사회복지사업은 스스로 재원을 확보하는 경우가 거의 없다. 대부분 기업이나 개인의 기부에 의해서 운영된다. 사회복지를 구현해야 하는 복지사업은 많은 사람의 의견을 청취해야 하고, 많은 사람에게 공평하게 혜택을 줄 수 있도록 더 많은 배려가 이루어져야 한다. 복지사업은 개인의 독단적 판단에 의해 운영되어서도 안 되며, 편파적이고 배타적으로 운영되어서도 안 된다. 그야말로 많은 사람의 자문을 받아 가면서 공평무사하게 폭넓게 베푸는 사업이 바로 복지사업이다.

마을공동사업은 사회복지사업이 아닌 수익사업이다. 농촌공동사업이 마을주민을 위한 복지정책의 일환으로 추진되고 있다면 일반적인 사회복지사업과 같은 특성을 갖추어도 문제가 되지 않는다. 복지 성격의 마을사업 책임자인 이장이나 지도자도 보통 사회복지재단의 책임자와 같은 지도자의 덕목을 갖추는 것이 필요할 것이다. 그렇다면 역으로 마을공동사업은 수익사업이 되어서는 안 되며, 마을에서 필요한 재원, 즉 각종 사업비나 운영비는 다른 곳에서 충당되어야 할 것이다. 지금과 같이 공동사업비가 지원되듯이 앞으로 계속해서 정부의 지원금나 독지가의 기부금에 의지해야 할 것이다.

마을사업 지도자가 독선적이라고 비판을 받는 것이 꼭 나쁜 것은 아니라는 것도 다시 생각해 볼 필요가 있다. 마을사업을 지원하고 관리하는 행정부서에서는 주민들이 제기하는 민원에 대해 매우 민감하다. 사업을 추진하면서 사업의 내용조차도 이해하지 못한 불성실한 주민이나 사업 자체를 부정하며 사사건건 시비를 거는 비협조적인 주민이라도 마을지도자가 독선적이라고 민원을 제기하면 벌집을 쑤셔 놓은 듯이 마을 전체가 혼란스러워진다. 마을주민들 사이에서 발생되는 감정적인 문제까지 민원으로 접수되면 마을지도자뿐만 아니라 주변 사람들까지 본의 아니게 큰 곤욕을 치르게 된다. 마을사업은 주민복지사업이 아니라 엄연한 수익사업이고, 꼭 성공시키려면 프로 경영자들이 많이 나와야 한다. 이때 성공한 지도자의 강한 리더십이 가끔은 독선적이라는 부정적인 의미로 해석되는 경우가 있음을 되새겨 볼 필요가 있다.

6) 슈퍼맨 지도자를 요구하는 것은 아닌가

마을사업이 성공하기 위해서는 훌륭한 자질과 뛰어난 능력을 가진 지도자가 필요하다. 기업의 흥망성쇠를 좌우하는 것이 CEO인 것과 마찬가지로 마을의 이장이나 위원장의 역할을 아무리 강조해도 부족하지 않다. 지금까지 마을공동사업이 성공적으로 잘 추진되고 있는 선도적인 마을에는 반드시 훌륭한 지도자가 있는 것은 바로 사업에서 지도자의 비중이 얼마나 큰가를 입증하는 것이다.

마을을 성공적으로 경영하기 위한 지도자의 자질로 여러 가지가 강조되고 있다.

① 농어촌사업에 대한 시대적인 필요성을 제대로 인식하고 있어야 한다. 마을주민들을 잘 이끌 수 있는 사업에 대한 비전이 확실하고, 사업의 목표가 분명하며, 사업을 추진할 수 있는 기획력과 추진력을 겸비해야 한다.

② 주민으로부터 신뢰를 받을 수 있는 사람이어야 한다.

③ 정직하여 마을주민의 모범이 되어야 하며, 매사에 솔선수범할 수 있는 성실한 사람이어야 한다.

④ 새로운 사업에 대한 충분한 지식이 있어야 하며, 각종 교육을 통해 자신의 능력을 지속적으로 향상시키는 노력을 겸비해야 한다.

⑤ 마을사업을 성공시키겠다는 자신감에 충만한 사람이어야 한다.

⑥ 항상 창의적인 사고를 가지고 마을사업의 새로운 아이디어를 만들어 낼 수 있어야 한다.

⑦ 마을주민을 잘 설득할 수 있는 포용력이 있어야 한다.

⑧ 사업을 추진해 나가면서 접하게 되는 여러 가지의 상황변화에 적절

하게 대처할 수 있는 융통성과 유연성이 필요하다.

⑨ 자신의 생각을 주민들에게 정확하게 전달하고 반대로 주민들의 의사를 충분히 수용할 수 있는 의사소통의 능력이 필요하다.

⑩ 가장 중요한 지도자의 덕목으로 마을을 위한 봉사와 희생정신이 투철해야 할 것을 요구하고 있다.

앞에서 농촌마을 지도자들이 갖추어야 할 조건을 나열하였듯이 완벽한 마을지도자가 되기 위해서 겸비해야 할 조건이 참 많다. 사람에 따라, 그리고 마을의 특성에 따라 이장의 자질이 수없이 많이 만들어진다. 과연 우리나라의 농촌현실에서 이와 같은 조건을 갖춘 지도자가 몇 명이나 될까? 농어촌뿐만 아니라 도시에서도 이러한 조건을 갖춘 지도자를 찾기가 쉬울까?

마을주민들이 바라는 마을지도자가 되기 위해서는 소설이나 영화에서나 볼 수 있는 초능력의 소지자, 슈퍼맨이나 원더우먼이 되어야 할 판이다. 쉬운 일이 아니다. 설령 많은 조건을 갖춘 사람을 주민 중에서 찾았다고 하더라도 그 사람이 마을공동사업을 책임지고 운영할 의사가 있어야 하며, 또 개인적으로 많은 희생이 수반되는 지도자의 역할을 기꺼이 수용할 수 있는지도 의문이다. 지도자의 조건이 회사를 경영하는 기업인의 조건과도 같다고 한다면 개인사업을 성공시키는 경영인들 중에서 이와 같은 조건을 만족시킬 수 있는 사람이 얼마나 있을까? 우리 모두 깊이 생각해 볼 필요가 있다.

마을에서 문제가 발생하면 지도자가 제일 먼저 비판을 받기 시작한다. 지도자를 평가하면서 여러 가지 덕목들이 상세하게 거론된다. 모든 조건을 갖춘 사람이 없는 농어촌임을 잘 알고 있고, 비판을 하고 있는 자신도 그렇게 할 수 없음을 잘 알고 있다. 주변에서 사업을 잘 하고 있는 사람들 중에는 독선적이고 이기적이며 남을 배려하는 생각이 결핍된 사람이 많다는 것도 잘 알고 있다. 그러면서도 마을주민이나 전문가, 그리고 사업을 관리하는 관련 공무원들까지 지도자의 여러 가지 덕목을 당연하게 나열하고 있다.

농어촌마을의 공동사업을 성공시키기 위해서, 우리가 필요로 하는 사람은 진정 어떤 조건을 갖추어야 할까? 모든 조건을 다 갖춘 완벽한 지도자가 아니라면 그 중에서 어떤 자질이 가장 필요한 부분일까? 비록 부족하지만 우리 마을에서는 어떤 한 부분만이라도 갖춘 지도자가 필요할까라는 생각을 정리할 필요가 있다. 그리고 어차피 능력에 한계가 있는 지도자가 선출된다면 그 부족한 부분을 마을주민 각자는 어떻게 도와서 능력의 빈 부분을 채울 것인가? "나는 마을사업을 위해 어떤 능력을 출연할 수 있는가?" 라는 보완적인 생각들을 더 많이 해야 하고, 서로 협력할 방법을 모색하는 것이 마을사업을 성공시키는 데 더 빠른 지름길이 될 것이다.

7) 이장이 맡은 마을사업, 쉽게 성공할 수 있을까

이장이라는 자리는 마을을 대표하는 직책으로 마을주민의 선거에 의해 선출된다. 마을의 행정적인 책임자인 동시에 마을의 거의 모든 공식 업무를 주도하는 지도자다. 이장은 정부로부터 일정 금액의 월급을 받고 있다. 그러나 일의 내용으로 보나 일의 양으로 보아 철저하게 마을공동체를 위해 봉사하는 직책이라고 할 수 있다.

능력도 있고 덕망도 높아 오랫동안 이장직을 수행하는 사람도 있지만, 마을의 여건에 따라서는 그만두고 싶어도 이장을 물려줄 사람이 없어 할 수 없이 계속 맡고 있는 경우도 있다. 그러나 일단 이장의 임기는 2년이므로 그 후임자는 마을회의를 통해 선출된다. 마을주민의 재신임을 받지 못한 경우나 개인의 사정상 이장직을 계속하지 못할 경우 주민들이 돌아가면서 맡아보는 것을 원칙으로 하고 있다.

마을공동사업은 일반 회사와 같은 성격으로, 주민 전체, 혹은 사업에 참여하는 일부 주민들은 마을회사의 주주이면서 회사의 직원 역할을 하게 된다. 마을공동사업의 책임자인 이장은 회사의 사장과 같은 자리로 인식하고 있다. 현재와 같은 이장의 선출기준에 의한다면 이장이 새롭게 선출됨에 따라 마을공동사업의 책임자가 바뀌게 된다. 마을책임자가 주민들의 복지생활을 증진시키는 차원에서의 마을대표직은 별 문제가 없겠으나 수익을 창출해야 하는 마을사업의 경우 사업 책임자가 자주 바뀐다는 것은 그 자체만으로도 큰 문제이다.

운영이 잘 되고 있는 회사에서 사장의 임기가 되었다고 쉽게 다른 사람으로 바꾸는 경우는 없다. 일반회사에서는 능력 있는 지도자를 사내에서 양성해서 승진을 시키거나 외부에서 전문가를 초빙할 정도로 그 비중이 크다. 물론 높은 연봉과 여러 가지 인센티브를 제공하면서 능력 있는 인재를 영입하고, 그 능력이 지속적으로 발휘되도록 각종 지원을 아끼지 않는다. 그러나 영업실적이 좋지 않아 재신임을 받을 수 없을 때에는 그 책임을 지고 해임되거나 좌천된다. 잘 하고 있는 사람이나 앞으로 유망한 사람은 그 사람의 잠재력을 믿고 능력이 발휘될 때까지 인내하며 기다리는 것이 일반적이다. 외부의 압력으로 잘 하고 있는 사람을 끌어내리는 경우가 있지만 그런 회사가 성공하는 경우는 거의 없다.

마을공동사업이 일반기업과 마찬가지로 지속적으로 수익을 창출하고 발전하는 경영을 잘 해야 하는 입장에서 마을의 이장, 즉 마을사업의 책임자를 어떻게 관리해야 할 것인가를 심사숙고해야 한다. 마을주민 누구나 이장이 될 수 있고, 또 마을사업의 책임자가 될 수도 있다. 그렇기 때문에 마을사업의 책임자 역할을 명확하게 규정하고, 합당한 처우방법을 미리 마련해두어야 한다.

8) 마을의 지도자, 어떤 유형의 사람이기를 바라는가

마을공동사업의 책임자는 마을의 특성이나 여건, 그리고 사업의 목적에 따라 여러 가지 유형으로 구분된다. 마을공동사업 현장의 실정에 따라 지도자의 유형을 구분하면 행정책임자형, 농촌사회운동가형, 사업실무자형 그리고 협회장형 등으로 구분할 수 있다.

(1) 행정책임자형

마을공동사업은 중앙정부나 지자체 또는 여타 공공기관의 지원금을 받아 시작하는 사업이므로 모든 업무는 기존의 행정업무 절차에 준해서 준비되고 집행된다. 그러므로 행정책임자형 지도자는 행정조직의 책임자인 이장이 공동사업의 책임자가 되는 경우를 말한다. 마을사업 책임자는 마을주민의 의견을 취합하고 조정해야 하는 역할이기도 하기 때문에 기존의 이장이 사업의 책임자가 되는 것은 자연스러운 일이다.

행정책임자인 이장이 사업의 책임자가 되는 경우 여러 가지 유리한 점이 많다. 사업을 준비하는 과정에서 담당공무원과의 공식적인 업무를 수행하기 쉽다. 주민의 의견을 수렴하고 협의하는 조정기능의 마을회의를 소집하고 주관하는 일, 그리고 전통적으로 마을주민의 투표에 의해 선출되기 때문에 마을의 대표성을 인정받을 수 있다.

마을사업 초기에는 매우 잘 되었으나 마을지도자가 바뀌어서 갈등이 유발되거나 사업이 침체되어 지지부진한 마을이 있는 것이 바로 행정책임자형 지도자의 한계이다. 이장직은 외형적으로는 마을의 대표자이지만 선출직이기 때문에 일정한 임기가 지나면 재신임을 받아야 한다. 재선되면 지속적으로 사업을 수행할 수 있지만, 본인이 고사를 하는 경우나 마을주민으로부터 불신임을 받는 경우 다른 사람으로 교체되어야 한다. 새롭게 선출된 이장이 마을공동사업에 대한 관심이 없거나 마을공동사업을 운영하는 능력이 현저하게 떨어지는 경우, 그리고 아무리 마을공동사업을 잘 하려는 마음이 있다 하더라도 개인 여건상 전임 책임자에 비해 시간과 노력을 충분히 발휘할 수 없는 경우에는 자연스럽게 마을공동사업은 침체기를 겪을 수밖에 없는 구조적인 문제를 안고 있다.

(2) 농촌사회운동가형

도농교류사업을 '제2의 새마을운동'으로 평가하기도 하고, 또 새로운 형태의 '신 농어촌 활성화 운동'이라 칭하기도 한다. 농어촌을 도시에 비해 여전히 소외받는 지역으로 생각하고 농어촌사회의 발전을 위해 헌신적으로 노력하는 사회운동가들이 있다. 농어촌사회운동가는 농어촌 후계자 중에서도 찾을 수 있으며, 도시에서 귀농이나 귀촌을 하는 사람들도 있다. 물론 처음에는 여러 가지 개인적인 여건 때문에 귀농이나 귀촌을 하였지만 농어촌에 젊은 사람이 많지 않은 환경을 안타깝게 생각하든지, 마을주민들과 유대를 돈독히 하고 농어민들을 사심 없이 도와 주고 싶어서 마을일에 관여하다 보니 마을의 지도자 역할을 수행하게 되는 경우도 있다.

농촌사회운동가형 지도자는 사회봉사정신이나 희생정신이 투철한 경우가 많다. 농촌마을에서 자신의 능력이나 역할이 필요로 하는 것 자체에 만족한다. 그리고 마을주민 간의 화합을 도모하고 대외적으로 지원사업을 유치하는 데 지대한 역할을 하고 있다. 농촌의 노령화에 대비해서 젊은 귀농인과 귀촌인이 많이 있어야 한다는 주장이 설득력을 갖는 대목이다. 특히, 농민보다 지식과 경험이 풍부하고 새로운 사업에 대한 적응력이 뛰어나며, 도시민들의 성향까지 잘 파악하고 있어 도시체험객을 대상으로 하는 마을사업의 지도자로 적격이다.

도시에서 생활하다 자기의 고향으로 귀향한 지도자들도 마을주민들이 거부하는 경우가 많이 있다. 외지인이 귀촌해서 마을사업의 책임자를 맡은 경우에는 더더욱 큰 차별을 받는 경우가 있다. 심한 경우에는 그 마을에서 생활하지 못하고 다른 곳으로 이주하는 경우까지 발생한다. 그러나 여러 번의 시행착오를 겪은 후에 마을주민들이 사업의 특성과 운영상의 어려움을 이해하고 서로 화해해서 마을공동사업이 정상화되는 사례도 있다. 농촌사회 발전에 헌신적인 사회운동가형 지도자의 역할에 많은 기대를 걸고 있다.

(3) 사업실무자형

마을사업 책임자가 자신의 사업체를 운영하면서 마을공동사업의 책임자를 맡고 있는 경우를 사업실무자형 지도자로 분류한다. 마을공동사업을 시작하기 전부터 남보다 일찍 농촌체험관광의 가능성을 인식하고 개별적으로 먼저 시작하였던 사람이 여기에 속한다. 그러나 주민들과 함께 공동사업을 시작하였던 사람 중에서도 공동사업의 한계를 인식하고 별도로 개인체험사업을 시작한 사람들도 사업실무자형이라 할 수 있다. 이럴 경우 마을공동사업과 개인사업이 한 마을에 공존하는 형태를 띠거나, 한 마을에 여러 개의 개인체험사업이 동시에 개장되는 형식을 갖는다.

초창기 지도자들은 대부분 마을공동사업을 주도하였고, 각종 교육기회를 통해 농촌체험사업 운영기술을 터득하였다. 정부에서 무상으로 지원한 지원금을 가지고 하는 사업이므로 마을주민의 공동이익을 추구하는 데 열중할 수밖에 없었다. 초기에는 사업에 대한 열정만 가지고 시작하였기 때문에 사업의 특성과 운영상의 어려움을 인식할 겨를이 없이 수많은 갈등을 겪어야 하였다. 그 결과 마을공동사업에서 퇴출되기도 하고, 스스로 공동사업에서 탈퇴하여 개인사업으로 전향한 경우도 있다. 물론 공동사업을 운영하면서 자신의 개인사업을 운영하여 공동사업과 개별사업을 조화롭게 운영하는 경우도 있지만, 대부분 심각한 갈등을 겪고 난 후가 더 많다.

사업실무자형의 경우 자신의 사업을 성공시켜야 하기 때문에 스스로 배우고 노력하며, 능동적이고 적극적으로 체험사업을 운영한다. 모든 사업에 대한 책임이 자신에게 있고, 그 결과도 자신이 감수해야 하기 때문에 수동적이고 소극적으로 대처할 수가 없다. 자원을 개발하고, 프로그램을 발전시키며, 다양한 운영전략을 구사할 뿐만 아니라 정부의 정책변화에 발빠르게 대처하기 때문에 사업을 성공시킬 수 있는 확률이 높다.

사업실무자형은 마을공동사업에서 바람직한 지도자유형이라 할 수 있다. 다른 개별사업자들과 공동으로 협력할 수 있는 유연성이 있으며, 자신의 관심사가 참여자 모두의 공동관심사이기에 아무리 바빠도 짬을 내서 서로를 도울 수 있는 자세를 겸비하고 있다. 특히, 동일 업종에 종사하기 때문에 마을공동사업이나 다른 사람의 사업에 도움을 주는 것도 덜 부담스러울 수 있다. 단점으로는 여러 개의 체험사업체가 한 마을에서 과당경쟁을 하다 보면 저가상품으로 체험사업의 수준이 저하될 수 있다. 과도하게 개인이익을 추구하다 보면 체험객 유치에 혼잡을 이룰 수도 있어 조심해야 한다.

(4) 협회장형(협의회장형)

개인사업을 하는 사람들은 자신의 사업이익을 대변하거나, 영업권을 보호받기 위해 업종이 같은 사람끼리 모여 협회를 만든다. 관광업을 하는 사람들은 관광협회를, 미용사나 이용사들은 미용사협회나 이용사협회를, 중소기업이나 대기업들도 자신들의 이익을 대변하는 협회조직을 만들고, 그 조직을 대표하는 사람을 협회장으로 임명한다. 협회 회원의 자격은 같은 직종의 업에 종사하는 사람이어야 하며, 회원의 의무는 협회 운영을 위한 일정 금액의 회비를 내고, 협회에 누를 끼치는 일을 해서는 안 된다는 협약을 준수해야 한다. 물론 협회장도 당연히 같은 업종에 종사하는 사람이며, 협회장은 협회의 이익을 대변하는 역할로 각 회원들의 의견을 취합하고 조정하는 일을 한다. 협회의 발전이 바로 회원들의 발전과 직결되는 일이므로 어느 누구도 자기의 직분을 소홀히 하는 일이 없어야 상생하는 결과를 가져올 수 있다.

마을에서 운영하는 농촌체험관광사업도 일종의 농촌체험관광협회의 성격으로 이해한다면 사업의 운영방법이나 지도자의 유형도 새롭게 정의될 수 있다. 한 마을이나 한 지역에 여러 개의 체험사업체가 존재한다면 각자의 체험사업을 성공적으로 운영하고, 동시에 자신들의 이익을 대변할 수 있는 대응조직을 설립할 필요가 있다.

한 마을에 3~5개의 개별농가가 자체적으로 체험사업을 운영할 경우 그 마을의 농촌체험관광협회를 조직하고 그 협회의 장을 선출하면 그 마을의 지도자는 협회장형 지도자가 되는 것이다. 자신의 사업체를 운영하면서, 협회장이 된 사람은 자신의 사업과 같은 동종의 사업을 선도하기 위하여 봉사와 희생을 수반한 지도자 역할을 부담 없이 수행할 수 있다. 결국 자신의 일이기도 하기 때문이다. 협회장형 지도자가 성립되려면 공동체형 사업과 개별농장형 사업이 한 마을에서 공존할 수 있는 여건이 조성되어야 한다.

4. 마을이 안고 있는 문제점

1) 이장(공동사업 책임자)은 자신의 개인사업을 할 수 없는가

마을에서 겪고 있는 보편적인 갈등 중의 하나는 공동사업을 추진하였던 이장이 개인적으로 자신의 사업을 시작하려고 하였을 때 발생한다. 마을 지도자들은 전반적으로 농촌체험마을 사업을 유치하여 한 2~3년 동안 열심히 노력한다. 이장의 임기 동안 만이라도 봉사해야겠다는 열의도 있지만 농부의 입장에서 농업을 통해 성공할 수 있는 새로운 사업에 대한 기대와 호기심이 강해서 마을사업에 열중하였을 것이다.

사 례

어떤 한 마을에서도 초창기의 여느 마을과 마찬가지로 이장이 몇몇 주민이 합심해서 마을사업을 시작하였다. 마을주민들은 사업의 성격이나 내용도 잘 모르고, 마을사업 자체에 대한 관심조차 없었던 때 소수의 지도자들이 앞장서서 사업을 추진할 수밖에 없었다. 물론 마을이장이기 때문에 개인 시간이나 금전적인 손실을 감수하면서까지 헌신적으로 공동사업에 몰두하였다. 마을사업의 기반이 갖추어지면서 이장의 임기도 끝났으나 마을주민의 재신임을 받지 못하였다. 누구의 잘잘못을 따지기보다는 사업추진 과정상 있을 수 있는 갈등 때문이었다. 물론 이장직을 이양한 후에 마을사업의 책임자 자리도 사퇴하게 되었다.

사퇴 후 그는 농촌체험관광의 사업화에 대한 가능성을 알게 되었고, 동시에 많은 기술을 습득하였기에 개인적으로 체험사업을 시작하려고 준비하였다. 그러나 마을주민들의 반대에 봉착하였다. 이유는 마을사업은 공동사업이므로 마을 내에서는 개별사업을 인정할 수 없다는 것이다. 또한 그가 마을주민 중 체험사업에 대해 가장 잘 알고 있고, 동시에 사업능력까지 있기 때문에 체험사업을 시작하면 마을에 오는 체험객을 모두 자신의 농장으로 빼앗아 갈 것 같아 불안해 하기도 하였다.

그 마을에서 태어난 한 전직 이장은 주민들과 똑같이 농사를 짓는 농부다. 그리고 새로운 체험사업을 하고 싶은 사람인데, 오로지 마을의 공동이익에 반한다는 집단이기주의에 의해 몇 년간을 아무 일도 할 수 없는 백수

생활을 할 수밖에 없었다. 처음부터 개인적으로 하고 싶었는데 마을공동사업을 통해 자신의 꿈도 함께 실현될 것 같아서 마을사업에 모든 힘을 쏟았던 사람이었다. 결국 마을사업도 지지부진하게 되었고, 개인적으로도 훌륭한 사업능력을 발휘할 수 없는 이중고를 겪고 있다. 마을의 피상적인 모습만 보고 문제점을 정확하게 지적할 수는 없지만 마을공동사업과 마을주민의 개별사업이 정말로 공존할 수 없는 관계인가에 대해 심도 있게 논의해 볼 필요가 있다.

정부의 지원금으로 하는 사업이기 때문에 주민들이 개인의 이익을 추구하면서도 마을에 해를 끼치지 않아야 된다는 주장에 대해서는 이견이 있을 수 없다. 그러나 마을공동사업이라는 경직된 개념을 뛰어넘어 마을이나 개인이 상생을 할 수 있다면 체험사업의 범위와 운영방식을 새롭게 정립할 수 있을 것이다. 새로운 책임자가 경영능력이 특출나지 못해서 마을사업을 성공시키지도 못하는데 개인사업만은 안 된다고 공존의 기회를 미리 포기하는 것은 바람직하지 않다.

상권이 형성되어 주변에 유사한 업종이 많이 모이게 되면 서로 경쟁을 해야 되기 때문에 개인적으로 손해를 볼 것으로 생각한다. 그러나 유사 업체가 한 곳에 모여 영업을 하기 때문에 그 곳을 가면 보다 싼 물건을 살 수 있고, 또 다양한 선택을 할 수 있어 더 많은 잠재고객이 모이게 된다. 그 결과 모든 업체의 수익이 동반 상승하게 된다. 전자상가, 공구상가, 포목점, 패션거리, 헌책방거리, 먹자골목 그리고 술집 등은 함께 모여 있어서 유사 업종들이 경쟁력이 있다는 것을 알면서도 유독 농촌체험관광이 마을공동으로 독점해서 더 큰 이익을 볼 것이라는 주장은 별로 설득력이 없다. 마을사업의 책임자가 자신의 일을 포기하면서 마을사업에 봉사해 준 업적을 고려해서라도 개인사업체를 운영하게 하는 배려가 필요하지 않을까?

2) 주민교육의 필요성, 주민들이 절실하게 요구하고 있는가

마을지도자뿐만 아니라 마을주민을 대상으로 중앙이나 지역에서 운영하는 집체교육과 마을단위로 실시하는 현장교육까지 그 종류는 다양하다. 농촌체험관광 관련 교육에서 보면 어떤 지도자는 얼굴을 자주 볼 수 있어 안면이 익은 경우가 있다. 그래서 서로 정보를 교환하고, 직면하고 있는 고충을 나누면서 새로운 기술을 배우는 사람이 많이 있다. 그러나 마을이장이면서도 지도자을 위한 교육까지 계속 대리인을 참석시키는 경우도 많다. 물론 내용을 잘 알고 있거나 불가피한 사정이 있는 경우에는 할 수 없지만 교육장에서 자주 보이는 지도자는 자기 농사일도 열심히 하고 있는 사람들이 대부분이다. 그리고 성공한 선진 사례 지역의 지도자일수록 교육에 참여하는 비율이 높다. 새로운 마을사업에 대해 관심이 없으면서도 마을의 이장이라는 명예에 연연하고 있는 사람이나, 자신이 모든 것을 다 알고 있는 듯하는 고지식한 사람들은 어느 교육장에서도 얼굴을 마주치는 경우가 드물다.

마을에서 이루어지는 현장교육에서도 비슷한 현상이 나타난다. 농사일로 피곤하기도 하고 개인적으로 마을공동사업에 관심이 없는 주민들이 밤늦게 시작하는 강의에 자발적으로 참여하기가 쉽지 않을 것이다. 공동사업의 주축이 되어야 할 젊은 주민들보다는 나이가 드신 분들이 더 많이 참석하는 경우도 마을공동사업이 성공적으로 추진되지 못하고 있는 원인 중의 하나다. 결국 누구를 위해 교육을 하고 있는가라는 회의적인 생각이 들게 할 때가 있다.

모든 마을이 다 그렇지는 않다. 비록 나이가 드신 분들이지만 새로운 사업에 관심을 갖고 배워서 마을사업에서 무엇인가 역할을 하려는 주민들도 많이 있다. 이러한 주민들의 열성이 없다면 현장교육에 참여하는 전문가들의 사명감이 퇴색되고, 교육 자체의 열의도 떨어질 수밖에 없을 것이다. 잘 모르는 마을사업을 준비하고 있으면서도 교육에 대한 욕구가 절실하지 않는 것은 큰 문제다.

마을주민들의 교육에 대한 부정적인 생각은 교육에 대한 불신뿐만 아니라 사업 자체에 대한 부정적인 의견이 수 없이 많이 거론된다. 이에 대해 살펴보면 다음과 같다.

① 나이가 많은데 배워도 잘 모르겠다.
② 젊은 사람들이 앞서서 해야지 나이든 사람들은 소용이 없다.
③ 배워도 바로 잊어버려 소용이 없다.
④ 농사짓기도 힘든데 새로운 일을 어떻게 하느냐?
⑤ 젊은 사람들이 자기들끼리 하면서 나이든 사람 이야기는 들어 주지도 않는데 알면 뭐하냐?
⑥ 농촌체험객들이 온다고 하는데 도시사람들이 좋은 데 놔두고 왜 농촌에 들어오겠느냐?
⑦ 사업 자체가 잘 되지 않을 것이다.
⑧ 다른 마을에서 마을공동사업을 한다면서 싸우기만 하더라. 그냥 조용히 사는 것이 편하다.
⑨ 농촌을 잘 모르는 교수들의 이야기가 현실적으로 맞지 않다.

새로운 개념의 사업을 시작하는데 나이든 사람들보다는 젊은 사람들이 더 유리하다는 것은 모든 일에 다 적용되는 사실이다. 농사일만 해 왔던 농민의 입장에서 도시사람을 대상으로 체험사업을 시작한다는 것에 대해 두려운 것도 사실이다. 그리고 전문가들도 나이가 많은 농어민들이 쉽게 이해할 수 있도록 교육하고 있는가에 대한 반성도 필요하다. 농촌과 농민의 처지를 이해한다고 해도 모두 손을 놓고 방임할 수는 없는 일이다. 여건이 넉넉하지 못하지만 마을의 여건과 주민의 수용능력의 범위 내에서 농민들의 사업능력을 향상시키는 일들을 찾는 노력이 필요하다.

현재 사업이 잘 되고 있는 마을에는 현장에서 뛰고 있는 젊고 유능한 지도자가 있다. 그러나 육체적인 나이가 꼭 중요한 것만은 아니다. 60대 후반, 70대 초반의 나이에도 마을사업을 멋지게 추진하고 있는 지도자도 있고, 개인농원을 성공적으로 운영을 하는 사업가도 있다. 나이도 중요하지만 활동을 할 수 있는 육체적인 건강이 중요하고, 이와 함께 마을공동사업의 가치와 노력하면 성공할 수 있다는 신념이 더 중요하다. 꿈과 희망이 없는 사람은 새로운 것을 배우려는 마음의 여유가 없고, 또 준비도 하지 않는다. 농촌체험관광사업이 조화롭게 추진되기 위해서는 젊은 사람도 필요하고 경험이 풍부한 나이든 사람도 필요하다. 서로의 능력과 역할을 극대화시키는 운영방법을 개발할 수 있다면 나이가 많다는 이유로 새로운 분야를 배우는 교육에 소극적이거나 비관적일 필요는 없을 것이다.

마을공동사업에서 실시하고 있는 대부분의 교육은 농민들이 농촌마을과 농업에 대한 새로운 가치를 인식하는 신농촌운동의 일환으로 보아야 한다. 농촌체험사업에 대한 기술을 습득하고 효율적으로 운영 · 관리할 수 있는 능력을 배우기도 하지만 결국은 농촌에서 새로운 꿈을 찾을 수 있다는 가치관을 세우는 것이 더 중요하다. 농민들이 미래의 농업과 농촌에 대한 가치를 제대로 인식한다면 교육여건은 주민 스스로 찾아서 배우는 자발적 학습환경으로 전환될 것으로 믿는다.

사 례

한 마을에서는 초창기에 겪게 되는 갈등의 원인이 주민들의 사업에 대한 무지에서 시작되는 것으로 파악을 하고 본격적인 주민교육을 시작하기 시작하였다. 대외적인 농민교육에 될 수 있으면 많은 주민들이 참여하도록 독려하고, 한 교육에 여러 명이 동시에 참가하도록 하였다. 한 사람보다는 여러 사람들이 듣고 와야 공동의 의견으로 다른 주민들을 설득하는데 효과적일 것으로 판단하였기 때문이다. 마을지도자는 거의 모든 교육을 다 받았을 정도로 주민의식교육과 기술교육에 열성적이었다.

마을 밖에서 실시되는 교육을 받을 수 없는 상황의 주민들을 위해서 마을회관으로 외부의 전문가들이나 다른 마을의 지도자를 초대해서 주민교육을 실시하였다. 그 결과 마을주민이면 모두 적어도 2~3차례 이상 다양한 교육을 받은 성과를 얻었으며, 특별한 기술교육을 통해 주민들의 관심과 능력에 따라 다양한 자격증을 소지하게 되었다. 무료교육의 경우에도 교통비나 숙박비는 참가자의 부담으로 하는 마을규칙을 만들었으며, 유료교육의 경우에도 마을에서 지원하지 않았다. 주민들 스스로 사업의 가치를 터득하려면 개인적으로 자신을 위해 투자를 해야 한다는 생각에서였다.

3) 농업 외 수익사업에 대한 이해 부족

농촌체험사업을 통해 소득이 향상될 수 있다는 특강을 하는 자리에서 몇몇 농민들은 이론에 비해 현실적으로는 성공하기 어렵다고 이야기한다. 많은 사람들이 긍정적이기는 하지만 현장에서 실제 체험사업을 경험하였다는 사람 중에 부정적인 사람들도 많이 있다. 도시사람들을 농촌에 받아들여 체험사업을 운영해 본 결과 본래 해 왔던 농사까지 망치고, 동시에 마을 분위기까지 흐려 놓았다고 불평하는 사람도 있다.

사 례

한 여성 교육생이 얼마 전 자신의 농장에 유치원 체험객을 받아들였는데 농사를 망쳤다고 했다. 고사리 농사를 짓는데 어린애들이 밭에 들어와 고사리를 따면서 이것저것 다 손대고 꺾어 상품가치를 떨어뜨리고, 심지어 장난치고 밟고 다니는 바람에 고사리밭이 엉망이 되었다고 하였다. 그래서 고사리를 수확해서 팔았던 수익보다 더 벌지도 못했다고 하였다.

다른 고장에서 온 남성 교육생도 비슷한 주장을 하였다. 고추농사를 짓고 있는데 반대하는 아내의 의견을 무시하고 고추따기 체험행사를 했다고 한다. 유치원생과 학부모들이 참여해서 시작한 고추따기 행사는 고추나무 가지를 다 찢어 놓고, 수확할 고추와 그렇지 않을 고추를 구분하지 못하고 따서 고추밭이 엉망이 되었다고 하였다. 물론 그 해 고추농사를 망쳤고 부부싸움의 후유증이 컸다고 하였다.

체험사업을 하고 있는 마을에서 주민들이 성공한 사례도 많지만 부정적인 경험도 수없이 많이 있다. 과수원에서 실시되는 사과따기 체험, 배따기 체험, 포도나 복숭아따기 체험 등 과일을 수확하는 체험행사에서도 농민들의 마음고생이 심하다. 과일만 잘 수확해야 하는데 잘못해서 가지를 찢는 경우가 있으며, 지정된 과수뿐만 아니라 이 나무 저 나무 무분별하게 손을 대는 바람에 다음 해 농사를 망친 경우도 있다. 특히, 정해진 양을 수확하지 않고 훔쳐 가듯 욕심을 부리는 도시사람들을 보면서 자식 키우듯 농사를 지은 농부의 마음은 상처가 크게 남는다. 이와 같은 여러 가지 부정적인 경험을 하고 속이 상한 농민들은 체험사업을 포기하게 되고, 후에 다시 사업을 시작하려는 용기를 갖기도 어렵게 된다.

농사는 아무나 짓는 것이 아니다. 비록 농부 자격증이 없지만 오랫동안 농촌에서 대대로 물려받은 농사를 짓는 농심은 도시사람들이 보듯이 단순한 농부의 심정이 아니다. 농부 나름대로 땅과 작물에 대한 철학을 가지고 자신의 농장을 가꾸어 왔다. 농부는 농사를 짓는 전문가다. 농부에게 농사는 천직이며, 농장은 자신의 사업장이다. 그러므로 입장료를 냈다는 이유로 농부들의 고유영역을 함부로 침해하였다면 그 자체가 잘못된 것임에는 틀림없다. 속이 많이 상한 농부의 마음을 충분히 이해한다.

그러나 도시에서 생활하는 사람들에게 농촌을 완벽하게 이해하고 농민들이 원하는 수준의 농사일을 할 수 있을 것으로 기대하는 것도 무리다. 그야말로 농촌체험은 도시민들이 농사일을 맛보기만 하는 활동이다. 도시사람이 농민의 역할을 연습해 보며 농사짓는 흉내를 내보는 것이다. 도시사람들은 전원생활을 원하지만 농촌에서 일상생활을 할 수 없기에 농촌마을에 잠시 머물다 다시 도시로 돌아가는 것이 체험인데 어찌 농촌, 농업을 농민들의 수준에서 이해해 주기를 기대할 수 있겠는가? 농촌사람이 도시사람의 입장을 이해해야 할 부분도 있다는 뜻이다.

도시민의 농촌체험 대가는 농촌수입으로 대체된다. 즉, 농부들의 마음을 상하게 하였던 도시민의 부주의한 행동이 농촌의 새로운 수입형식으로 전환되는 것이다. 비록 농사가 처음 생각하였던 것보다는 손상되었지만 대신 체험수익과 함께 농산물을 판매해서 얻을 수 있는 수익을 대신 얻었다는 것에 위안을 받아야 한다. 체험으로 새로운 수입원이 생기고, 체험을 하고 가는 도시민에게 직거래를 통해 얻은 농산물 판매소득으로 손상받은 농민의 마음을 달랠 수 있어야 농촌체험이 사업으로 발전되는 것이다.

농민은 농사를 지을 때 체험용과 생산용으로 구분해야 한다. 이용자들은 체험용 농지에서만 체험활동을 하도록 구획을 정한다면 농사일에 익숙하지 못한 도시민들에 의해 농사를 망치는 일은 예방될 수 있다. 특히, 체험활동을 시작하기 전에 농사일에 대해 철저한 사전교육도 병행되어야 한다. 농민들은 다른 사람, 특히 돈을 주고 방문한 도시고객에게 싫은 소리를 하지 못하는 경향이 있다. 그래서는 안 된다. 도시민이 지불하는 농어촌 체험비용은 정해진 곳에서 허용된 활동을 하는 것에 대한 비용인 것이지, 농촌에서 자기 마음대로 해도 된다는 무제한 허락의 조건이 아님을 명심해야 한다.

4) 농촌사회의 구조적인 현실

마을에서 직면하고 있는 구조적인 현실 때문에 새로운 사업을 수용하는 데 어려움이 있다. 농촌사회는 다음과 같은 문제를 가지고 있다.

① 구성원의 노령화에 따른 젊은 인력이 부족하다.
② 도시에 비해 상대적인 열등의식이 팽배해 있다.
③ 중앙정부의 지원에 대한 의존도가 높다.
④ 급격하게 변화하는 사회현실에 대한 적응력이 미흡하다.
⑤ 전통적인 위계질서 때문에, 갈등문제를 해소하는 의사소통기술의 미흡하다.

농촌한계의 극복을 위해서 젊고 열정적인 지도자의 필요성이 강조되고, 새로운 환경에 적응하고 적절한 기술을 전수시킬 교육 과정의 개발을 요구하고 있지만 기대만큼 실현되지 못하고 있다.

농촌체험관광사업은 일단 마을지도자의 능력에 따라 성패가 좌우된다. 마을의 젊은 사람들이 도시로 이주해 나가서 마을일을 적극적으로 추진할 수 있는 젊은 인력 자체가 부족한 실정이다. 노령화는 새로운 사업을 위한 전문교육의 효과도 기대하기 어렵다. 노령인구는 마음과는 다르게 마을공동사업에 활동적으로 참여하지 못하고 소외층으로 남아 있어 결국 마을갈등의 여지를 가지고 있다. 노령인구는 젊은 사람에 비해서 농촌관광에 대한 인식 및 이해도가 낮아 창의적 아이디어와 사업경영 마인드를 요구하는 체험사업을 원활하게 수용하기가 쉽지 않다. 마을주민들의 서로 다른 생각을

공동체 운영의 방향으로 집중시키고, 일치된 힘으로 문제해결 방법을 개발하는 것도 지도자의 자질과 밀접하게 연관되어 있다. 그런데 새로운 지도자가 될 만한 인적 자원이 충분하지 못한 것이 마을사업의 장애요인이 되고 있다.

농촌문제는 지역의 삶을 다루는 종합적인 일이므로 인문사회학적인 접근과 자연과학적인 접근, 그리고 건축, 토목, 도시계획이나 조경 등 응용분야의 접근에 이르기까지 복합적인 시각에서 해법을 찾아야 한다. 농촌관광마을을 조성하는 것은 물리적인 공간을 계획하고 마을을 조성하는 것으로 완성되는 것이 아니다. 지역사회의 문제, 경제적인 문제, 그리고 사회의 인식변화 등 그 지역의 내부적인 문제가 해결되지 않고서는 농촌 문제해결의 완성도를 높일 수 없다. 농촌관광과 관련된 기술용역에서 선진 외국 사례를 연구하는 경우에는 외국 성공 사례의 결과물을 직접 도입하기보다 그들이 겪은 시행착오, 즉 문제해결의 단계 등을 우리 농촌문화에 접목하는 검증과정을 거쳐야 한다. 농촌의 문제는 우리나라의 문제이지 다른 나라의 문제가 아니기 때문이다.

5) 수익사업에 부적합한 수평적 마을구조

마을공동사업은 수익을 올려야 하므로 일단 일반회사와 같은 구조나 기능을 가져야 한다. 마을에 따라 법인이나 조합을 만들어 추진하는 경우는 일단 준회사 형식을 수용하고 있다고 본다. 그러나 우리나라의 마을은 사장을 중심으로 말단직원까지 각자의 책임과 의무가 세분화된 회사와 같은 수직구조를 갖고 있는 것이 아니다. 마을주민들이 모두 개인사업을 하는 주민으로 수평적인 구조를 가지고 있다. 마을사업의 책임자인 이장이나 위원장은 주민의 투표로 선출되어 마을에 봉사하는 자리여서 공동사업에 대한 책

그림 4-1 수직구조와 수평구조

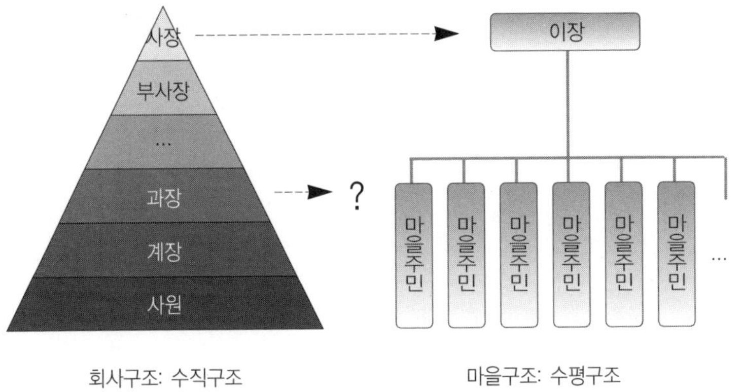

임과 의무가 회사 사장과 같이 분명하지 않다. 그렇다고 능력에 따라 처우가 보장된 것도 아니다. 이처럼 마을사업에 참여하는 모든 사람은 마을주민이라는 평범하고 대등한 관계에서 마을공동사업이 시작되고 있다.

일반회사의 경우 책임자인 사장은 다른 직원들에 비해 특별한 대우를 받는다. 연봉은 일반직원에 비해 상상을 초월할 정도로 높고, 성과에 따른 상여금도 많이 받는다. 차량을 비롯한 각종 편의가 특별하게 제공되는 것은 회사의 운명을 좌우할 만큼 사장의 역할이 크기 때문이다. 물론 대우를 받는 만큼 성과가 좋지 않을 때에는 책임을 지고 회사를 떠나야 하는 것은 당연한 일이다. 사장은 회사를 운영하는 데 대한 책임과 의무가 분명하며, 동시에 그에 상응한 보상이 보장되지 않고서는 자신의 능력을 최대한 발휘하지도 않는다.

회사에서 갑작스러운 비상사태가 발생하였을 때는 개인적으로 아무리 바쁘고 중요한 일이 있다 해도 직원이 해야 할 업무를 소홀히 할 수가 없다.

그림 4-2 마을공동사업 조직의 수평적 구조

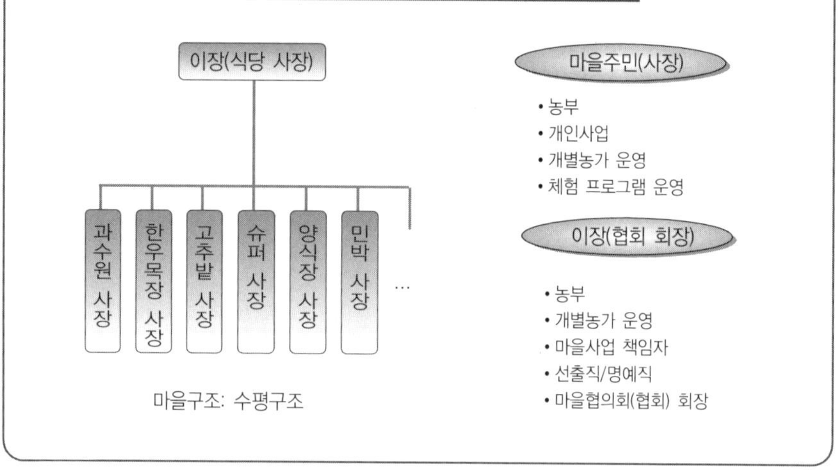

설령 개인이 손해를 보는 일이 있어도 일단 회사의 일을 처리하는 것이 의무다. 의무사항이 잘 지켜지지 않았거나 업무상 실수로 회사에 손해를 입혔을 경우 당연히 그 책임도 져야 한다. 공동의 이익을 추구하는 회사가 수직적인 구조를 유지하는 필연적인 요소는 회사를 위해 책임과 의무에 충실하였을 때 그 결과 상응한 대가를 받을 수 있다는 데 있다.

마을의 구조는 수평구조이므로 각 구성원들의 책임과 의무, 그리고 자신의 능력에 따라 받을 수 있는 보상체계가 명확하지 않다. 이장은 마을의 책임자이기 때문에 마을주민과 마을의 발전을 위해서 해야 할 일들이 많다. 민사 · 형사상 책임을 져야 할 일도 많고, 동시에 의무적으로 해야 할 행정적인 업무량도 많다. 그러나 마을사업을 위해 투자하였던 개인의 시간과 노력에 비해 받을 수 있는 보상은 정부에서 지급하는 월 일정 금액의 월급이 전부이다. 마을을 위해 사용되는 경비도 사비로 개인이 부담해야 할 정도로 보상체계가 거의 없다.

주민들에게 책임지고 해야 할 일이나 마을주민이면 의무적으로 수행해야 할 역할에 대해서도 강력하게 지시하거나 강요할 수 없다. 그저 사정하듯이 부탁할 따름이다. 그렇다고 책임과 의무를 소홀히 한 주민에 대해 책임을 추궁할 적절한 방법도 없다. 바로 마을의 수평적 구조가 가지고 있는 한계이다. 마을주민 모두가 사장인 마을구조의 현실에서 어느 누구에게도 마을을 위해 봉사나 희생을 강요할 수 없다. 주민은 각자가 짓는 주요 작목에 따라 고구마농사 사장, 벼농사 사장, 양계장 사장, 복숭아밭 사장, 콩밭 사장, 옥수수농사 사장, 민박 사장 그리고 슈퍼 사장 등 모두 자신의 사업체를 운영하는, 즉 개별사업체의 사장들이다.

마을공동사업은 마을주민들이 함께 참여하고 노력해야 할 동업이다. 그런데 책임자인 이장에 대한 역할과 대우도 명확하지 않고, 마을 구성원에 대한 책임과 의무의 이행도 적절하게 관리할 수 있는 여건이 마련되지 않는 상황이다. 마을주민들이 "서로 이해하고 양보해서 갈등이 없이 사업을 추진하자"는 주장은 그 자체가 무리다. 지도자의 능력이나 책임을 인정받지 못한 구조에서 어느 누구도 마을사업에 몰두하기가 쉽지 않다. 마을공동사업은 현재의 마을구조의 특성에 적합한 운영체계를 재수립해야 할 필요가 있다. 특히, 마을의 조직이 수익사업의 체제로 만들어지든지 아니면 마을구조에 적합한 사업구조가 개발되어야 한다. 조직 내 각 책임자의 역할이 명확하게 구분되어야 함과 동시에 노력의 대가에 대한 보상제도도 미리 검토되어야 할 것이다.

V.

갈등 관리방안

1. 마을공동사업을 제대로 이해하자
2. 성공할 수 있는 운영전략을 수립하자
3. 사업운영 · 관리계획을 수립하자
4. 교육을 통해 사업능력을 키우자
5. 지도자의 신분을 보장하자

1. 마을공동사업을 제대로 이해하자

1) 마을공동사업의 성공에 대한 확신을 갖자

일상생활에서와 마찬가지로 새로운 사업을 시작해서 아무리 열심히 노력을 해도 항상 고민은 있기 마련이다. 개인의 건강문제를 비롯하여 경제적인 문제, 가족 간이나 친구들, 그리고 회사의 동료들 사이에서 수많은 문제들을 접하게 되고, 슬퍼도 하고, 좌절도 겪게 된다. 하지만 다시 힘을 얻고, 관계를 회복하고, 그리고 희망을 갖게 되는 것은 미래에 거는 기대 때문이다. 고난을 극복하고 다시 얻게 될 성과가 더욱 가치가 있을 것이라는 확신이 있기 때문이다. 그렇기 때문에 미래에 대해 희망이 있는 사람은 고난에 빠지더라도 더 적극적이고 긍정적으로 문제를 해결하려는 의지가 강할 수밖에 없다.

마을공동사업도 준비하고 운영 · 관리하면서 사업에 참여한 사람끼리의 수많은 갈등을 겪게 된다. 그러나 마을사업을 잘 이해하고, 앞으로 반드시 성공할 수 있는 사업이며, 참고 극복하면 큰 성과를 얻을 수 있다는 확신을 가진 사람은 그렇지 못한 사람에 비해 어려운 난관을 적극적으로 해결하려고 노력할 것이다. 마을사업을 통해 농어촌 경제에 활력을 불어 넣을 수 있고, 만족스러운 소득을 얻을 수 있다는 희망을 갖게 된다면 직면하고 있는 갈등을 보다 현명하게 줄일 가능성이 높다.

마을공동사업을 추진하는 정부를 비롯하여 이 분야의 전문가들이 마을공동사업의 미래를 지나치게 희망적인 측면에서 강조한 나머지 마을주민들은 사업만 시작하면 모두 성공할 것 같은 착각을 갖게 되었다. 또한 공동사업 중에서 당연히 발생할 수 있는 갈등문제 자체에 대한 이해도 부족하였고, 추진 과정상에서 나타나는 제반 문제에 대한 대비가 미흡하였던 것이 사실이다. 마을에서는 대내외적으로 갈등을 논의하는 자체를 터부시하는 경향이었으니, 갈등을 접하고 나면 해법을 찾기보다는 당황하거나 감추기 급급할 수밖에 없었을 것이다.

사업 초기에 갈등양상이 나타나기 시작하였음에도 마을주민들 사이의 싸움이 외부에 알려지는 것이 부끄러운 일이라고 생각하여 내색하지 않았다. 관련 공무원이나 전문가들조차 갈등이 발생한 마을은 골치 아픈 마을이라 단정하고 후속사업 선정 대상에서 제외하였다. 그 결과 마을갈등은 내부적으로 심화되어 그 양상을 복잡하고 심각하게 만들었다. 아예 마을 자체적으로 갈등을 해결하려는 의지도 상실된 실정이다.

농촌체험관광사업의 미래는 밝다. 농어촌체험 관련 사업이 정부의 지원사업이기 때문이 아니라 우리 국민들의 여가문화가 변하고 있고, 도시화가 심화되면서 도시민들의 농어촌에 대한 가치인식이 변하였기 때문이다. 농촌, 농민 그리고 농업의 기능과 가치가 재조명되면서 도농교류의 대표적인 사업인 체험사업은 21세기 관광여가활동으로 주목을 받게 되었다. 그러므로 공동사업을 하는 과정에서 직면하게 될 갈등은 그 해소책이 아무리 복잡하고 어려워도 적극적으로 극복해야 한다.

농어촌마을에서 마을사업상 갈등이 해소 또는 저감될 수 있게 된다면 우리 농촌체험사업은 농어민에게 희망을 줄 가능성이 큰 사업임을 인식해야 한다. 성공할 가능성이 있기 때문에 주민들의 관심이 높아지고, 사업 자체에 대한 욕심이 생기므로 구성원 간의 갈등이 생기는 것이라고도 생각해야 한다. 마을사업에 대한 성공 가능성이 없다면 어느 누구도 나서서 사업을 책임지고 싶어하는 사람은 없을 것이고, 동시에 갈등도 사라질 것이다. 사업이 실패해서 갈등이 사라지기보다는 갈등을 극복해서 성공한 사업으로 발전시키는 것이 더 의미 있는 일일 것이다.

2) 마을공동사업에 대한 새로운 이해

(1) 마을공동사업의 개념 변화

마을공동사업에 대한 개념을 새롭게 정립할 필요가 있다. 기존의 개념은 정부의 지원금이 마을의 공동이익을 위해서 사용해야 하기 때문에 마을 단위의 지원으로 확대되었다. 정부에서 지원하는 사업의 종류도 다양하고 지원하는 부서에 따라 성격도 차이가 있지만 모든 사업들은 결국 마을주민의 소득 향상이라는 궁극적인 목적과 연계되어 있다. 마을주민의 생활환경을 개선하는 사업이라 할지라도 지역주민들의 경제 수준이 향상되지 않고는 그 목적이 달성될 수 없다.

지금의 경우 마을공동사업의 기본 개념은 일단 마을주민이 마을사업에 공동으로 참여하고, 합심하여 사업을 추진하며, 그 결과 얻게 되는 수익을 주민들이 함께 나누어 갖는다고 이해되고 있다. 그래서 사업계획의 우열을 평가할 때 사업에 참여하는 마을주민의 가구수도 중요한 평가요소로 작용한다. 주민들은 일반회사와 같이 지도자가 사업을 잘 하게 되면 마을주민들은 특별한 수익을 배당받을 것으로 생각하고 있다. 이장이나 위원장과 같은 사업 책임자는 심리적으로 큰 부담감을 느끼고 있는 것도 사실이다.

마을공동사업은 마을공동체가 중심이 되어서 하는 사업이기 때문에 "같이 벌어서 같이 나누어 쓴다"는 개념은 이론적으로는 그럴 듯하고 합리적인 표현 같으나 현실에서는 실현되기 어려운 개념이다. 정부의 지원금이 국민의 세금으로 조성되기 때문에 특정한 사람이 개인의 이익을 극대화하는 사업에 활용한다는 것은 지원논리에 적합하지 않다. 되갚을 필요가 없는 무상지원금인 경우 더더욱 지원의 명분을 확보하기 위해서라도 주민들이 함께 노력해서 공평하게 분배하는 공동사업이 되어야 한다는 것은 이해가 된다. 이미 퇴색된 사회주의식 경제이론에 의거한 공동분배 방식으로 농촌사업을 성공시킬 수는 없다. 현실적으로 실현하기 불가능한 허구적인 이론을 공동체사업의 근간으로 삼고 있다는 것은 재고되어야 한다.

"마을공동사업은 주민들이 서로 힘을 합하여 자기 마을에 도시민이 많이 방문하게 하는 사업이다"라고 정의되어야 한다. "그 결과 주민 각자가 증가하는 방문객을 대상으로 자신들의 특기를 살린 개별적인 사업을 통해 소득을 올려야 한다"고 재정립되어야 한다. 마을공동사업 자체에서 수익이 발생하며, 그 이익을 직접적으로 주민들이 분배받는 것이 아니라 주민들 스스로가 마을방문객을 대상으로 자신의 사업을 시작해야 한다는 뜻이다. 즉, 지원금으로 마을 공동의 기반시설을 확보한 후 방문객이 많아지면 마을주민 각자가 그 공동시설을 활용해서 개인의 수익사업을 운영할 수 있는 체계가 갈등유발을 근원적으로 줄일 수 있을 것이다.

(2) 공동사업과 개별사업

새로운 개념의 마을공동사업은 마을공동사업과 주민들의 개별사업으로 구분된다. 마을공동사업은 마을의 이미지를 향상시키기 위한 사업으로 마을에 대한 긍정적인 이미지를 극대화시켜 많은 사람들이 마을을 찾아오게 하고, 찾아오는 사람들에게 편의를 제공하기 위한 기반시설을 마련하거나 유익한 정보를 제공하는 것이다. 즉, 주민의 개별사업을 위한 기반시설을 마을주민이 공동으로 마련하는 것이다.

마을공동사업에서 얻게 될 이윤이 개별적으로 분배되기를 기대하기보다는 마을주민이 농촌체험마을을 시작하기 위한 여건을 조성하는 일에 공동으로 참여하는 것으로 바뀌어야 한다. 마을주민은 자기 마을이 농촌체험관광사업을 할 수 있는 편리한 곳으로 발전되는 일에 공동으로 참여하면서 동시에 자신이 운영하고 싶은 개인사업을 구상하는 이원적인 노력을 해야 한다는 뜻이다. 개인사업에 의한 수입은 개인소득으로 인정하고, 공동사업에서 발생된 수익, 예를 들어 운동장시설 이용료, 마을이 운영하는 펜션 등 숙박이용료, 등은 공동수익으로 적립된다. 그리고 부녀회에서 운영되는 식사 및 요리 관련 체험행사와 같이 공동으로 운영해서 얻게 되는 수익은 경비를 제하고 남은 금액은 부녀회의 공동기금으로 적립하면 된다. 마을공동사업은 마을공동수입원이 되는 동시에 마을주민의 개별사업이 잘 되게 하는 기반시설을 구축하는 역할을 하게 된다.

본격적인 개별소득사업은 늘어난 방문객을 대상으로 주민들이 개인능력이나 개인사업 여건에 따라 추진되어야 한다. 개별사업의 경우 민박, 슈퍼, 과수원의 종류나 규모, 그리고 작목의 특성에 따라 능력껏 소득을 올리는 개념으로 운영되어야 한다. 물론 개별사업은 마을공동사업의 취지와 범위를 벗어나지 않도록 마을규약에 따라야 한다. 개별사업의 경우 사업 전에 비해 향상된 개별소득의 일정 비율을 마을공동기금으로 납부하는 협약을 맺게 된다면 마을공동기금도 개별사업이 발전함에 따라 자연스럽게 증가할 것이다. 연말정산을 하면서 마을공동사업의 결산과 주민 개별사업의 결산을 동시에 보고한다. 이렇게 된다면 마을공동사업을 통해 막연한 불로소득을 기대하는 주민들 때문에 발생할 수 있는 갈등을 완화시킬 수 있다.

주민의 능력은 개인의 특별한 기술을 비롯하여 마을사업의 참여 비중, 그리고 작목의 특성과 재배 규모 등 다양한 형태로 평가된다. 같은 유형의 사업이 다른 농장에서 동시에 추진될 수도 있으며, 과도한 경쟁 우려가 있

그림 5-1 농촌관광사업 구분 및 수익발생 유형

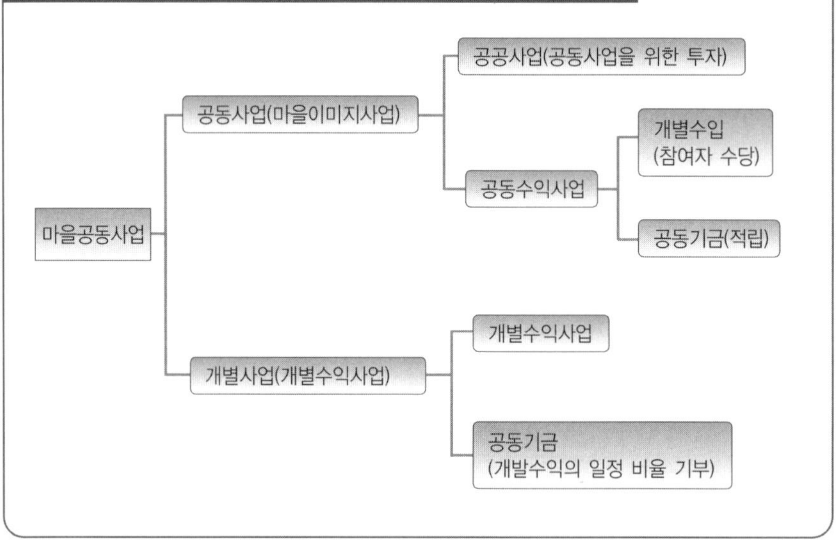

는 경우에는 서로 협의해서 체험작목을 선정하거나 마을 운영위원회의 조정을 통해 관리하면 된다. 현재 추진되고 있는 마을사업을 공동사업과 개별사업으로 구분하면 무한책임이 있는 공동사업 관리의 어려움으로부터 마을 지도자들을 보호하고, 공동사업에 무임승차하려는 주민 때문에 발생하는 갈등의 소지를 미연에 방지할 수 있다.

사업 중 주민이 부담해야 할 투자의 범위와 발생된 이익을 공평하게 분배하는 적절한 기준이 마련되어야 한다. 공동체의 협의를 통해 개인의 이익을 적절한 수준에서 인정하고, 주민들 사이에 문제가 발생하였을 때에는 조정하는 공동체 구성원 간의 협약이 필요하다. 특정한 구성원에게 일방적인 양보를 요구하거나 불공평한 부담을 강요해서는 안 된다. 마을주민은 능력껏 참여해서 참여자의 공헌도에 따라 이익이 분배되는 책임과 분배의 원칙이 준수되어야 한다. 특히, 이장이나 마을사업의 지도자들도 자신의 사업을 인정받을 수 있어야 한다.

(3) 마을공동사업 예시

가) 가상마을의 공동사업

농촌마을은 마을이 위치한 지형적인 특성에 따라 평지형, 산지형, 또는 평지와 산지의 특성이 혼합된 혼합형 등으로 구분된다. 마을의 배치는 마을 주변의 개울이나 동산 혹은 저수지 등 특정한 자연환경의 특성에 따라 각양각색으로 나타난다. 마을주택들은 도로를 따라 선형으로 배치되든지, 마을 중앙이나 외곽지역에 옹기종기 모여서 조성되기도 하지만 대부분 나즈막한 언덕을 뒤로 하고 앞으로는 개울이나 넓은 들판을 바라보는 배산임수형의 특징을 보이고 있다. 마을공동사업의 예시를 위해 일반적인 마을을 상상할 수 있는 가상적인 마을을 만들어서 설명하고자 한다.

가상적인 마을의 입구에는 조그마한 마을가게가 있으며, 마을 중앙으로 난 도로를 따라 좌우로 여러 가지 작물을 재배하는 논밭이 위치해 있다. 마을 중앙에는 조그마한 광장이 있으며, 마을주차장과 2층짜리 마을회관이 있고, 마을이장인 윤씨가 운영하는 식당이 있다. 그리고 그 주변으로 마을 주민들의 집들이 옹기종기 모여 있다.

가구별로 재배하는 작목의 종류에 따라 김씨는 마을 입구에서 하우스 딸기를 재배하고 있고, 박씨와 최씨는 벼농사를, 오씨는 감자농사를, 황씨는 고구마농사를, 그리고 이씨는 옥수수농사를 짓고 있다. 물론 절기와 각자의 작부체계에 따라 여러 가지 작물을 재배하고 있지만 일단은 주요 작물을 중심으로 설명하는 것이 쉬울 것 같아서 각자 한 작목씩을 재배하는 것으로 가정하였다.

그림 5-2 마을전경

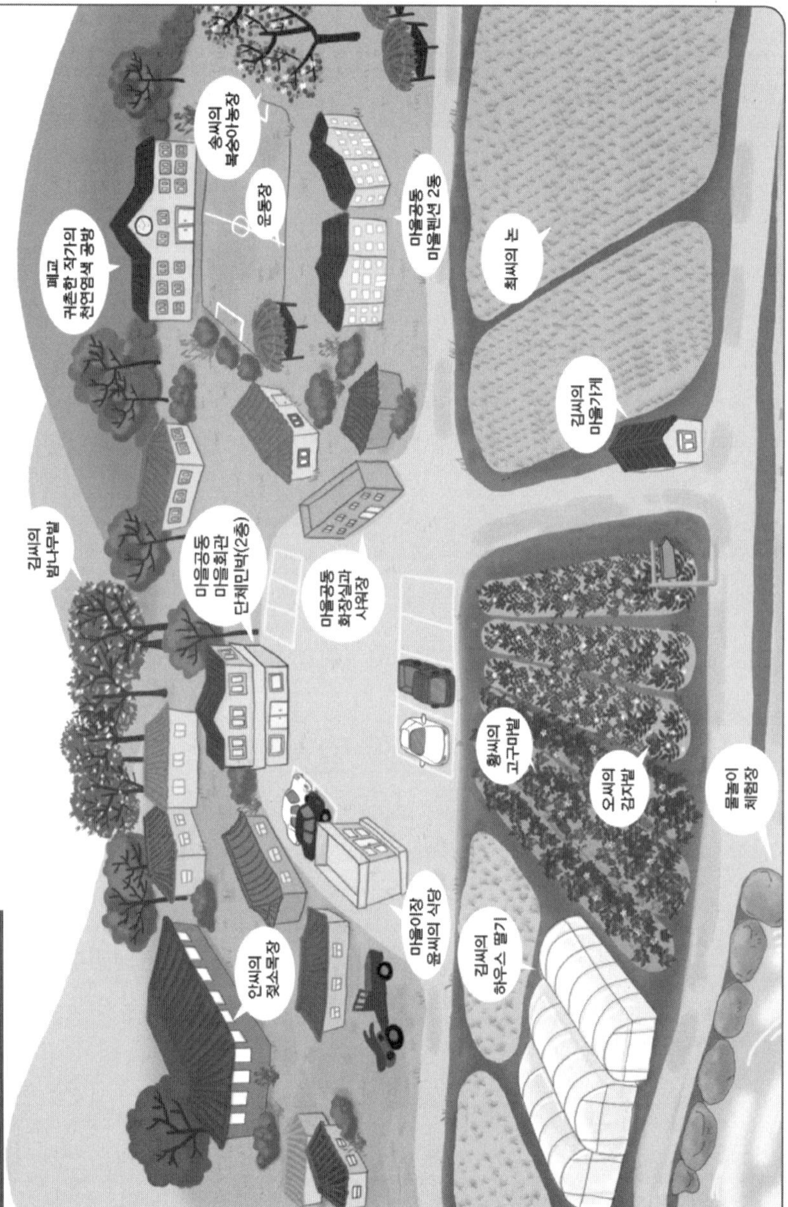
폐교
귀촌한 작가의
천연염색 공방
송씨의
복숭아농장
운동장
마을공동
마을펜션 2동
최씨의 논
김씨의
마을가게
김씨의
밤나무밭
마을공동
마을회관
단체민박(2층)
마을공동
화장실과
샤워장
황씨의
고구마밭
오씨의
감자밭
물놀이
체험장
마을이장
윤씨의 식당
김씨의
하우스 딸기
안씨의
젖소목장

송씨는 복숭아밭을, 국씨는 포도밭을, 그리고 임씨는 사과밭을 가꾸고 있으며, 마을 뒷산에 있는 밤나무밭은 다른 김씨의 농장이다. 마을 중앙에는 마을공동의 땅이 있고, 마을 앞으로는 넓고 연중 수량이 풍부한 냇물이 흐르고 있다. 이 마을에도 어느 마을에서나 볼 수 있는 초등학교였던 폐교에는 외지인이 천연염색공방을 하고 있다. 그리고 마을 깊은 안쪽에서는 안씨가 젖소를 키우는 목장이 있다.

나) 마을공동사업 추진

이 마을이장인 윤씨를 중심으로 정부의 지원사업에 관심을 갖고 있는 주민들이 모여 공동사업을 준비해서 녹색농촌체험마을로 지정을 받게 되었다. 이 마을에서는 초기 다른 지원마을이 경험하였던 갈등을 피하기 위해 사업의 목표를 외지인들이 마을을 많이 방문하도록 하는 내용으로 정하고, 주민들은 개별농가별로 체험사업에 참여하는 방법을 선택하기로 하였다. 이미 관광농원을 하면서 개인체험사업을 운영하고 있는 조씨는 공동사업과 별도로 자신의 사업을 계속해서 운영하기로 하였다.

컨설팅회사에서 수립한 사업추진계획에 의해서 마을을 외부에 알리는 방법으로 홈페이지를 개설하고, 마을을 찾아오기 쉽게 하는 방향표지판과 안내판 등을 설치하였다. 체험마을 조성사업의 내용으로는 마을진입로를 약간 확장하고, 주차장을 확장 정비하였다. 마을 중앙에 위치한 마을공동토지에 운동장과 화장실 그리고 샤워장과 같은 편익시설을 만들고, 마을회관 2층을 단체손님을 받기 위한 숙박시설로 보완하였다. 특히, 단체손님이 많아질 것을 대비해서 마을펜션 2동을 신축하였으며, 폐교는 이미 친환경 유기농 염색을 하는 외지인이 임대해서 천연염색 공방을 운영하면서 동시에 작은 규모로 천연염색 체험교육을 실시하고 있다.

마을 곳곳에 체험객들이 편하게 쉴 수 있는 원두막을 설치하였고, 여러 가지 체험 프로그램 중에서 마을 앞 냇물에서는 안전하게 물놀이를 할 수 있는 공간을 마련하였다. 마을의 전통적인 문화를 체험하는 프로그램을 비롯하여 다양한 농촌문화체험 프로그램을 개발하여 운영하기로 하였다. 마을별로 여러 가지 사업들이 추진되겠지만 지금 예시한 시설들이나 계획들은 체험마을에서 볼 수 있는 보편적인 현상의 일부를 조합해 놓은 것이다.

일단 이 마을은 3개의 체험사업체가 공존할 것으로 예상된다. 이미 관광농원을 조성해서 개인적으로 체험사업을 하고 있는 조씨의 체험사업과, 폐교에서 천연염색과 함께 추진되고 있는 체험 프로그램 사업, 그리고 앞으로 시작하게 될 마을공동체험사업이 한 마을에서 동시에 운영될 것이다. 물론 마을공동사업에 참여하다가 주민이 체험사업을 개별적으로 시작하고 싶다면 또 다른 체험사업체가 생길 수도 있다.

일단 마을주민은 각자의 농장을 가지고 농사를 짓고 있는 별도 회사의 사장과 같은 입장이다. 농지가 크면 큰 사업체이고, 작으면 작은 사업체다. 목장이나 과수원도 모두 농부들의 개인사업체다. 그리고 농민들은 여전히 개인농장을 운영하는 주인이므로 결국 개인사업체의 사장이라고 할 수 있다.

마을이장을 중심으로 마을공동사업 운영조직을 만들고 모든 주민이 합심해서 체험객을 맞이할 준비를 하였다. 여러 사람들이 노력한 결과 매년 방문객이 지속적으로 증가하게 되었다. 첫 해에는 500명의 방문객이 있었는데, 2년차에는 3,000명, 3년차에는 1만 명, 그리고 4년차에는 3만 명이 찾아오는 체험마을로 발전하였다고 가정을 하자. 물론 더 많은 방문객이 올 수 있는 마을이 될 수도 있고, 여전히 처음 시작할 때의 수준을 벗어나지 못한 마을이 될 수도 있다.

다) 개별수익사업 운영방법

이 마을에서 개별적인 수익발생 모델을 살펴보면, 마을 입구에서 슈퍼를 보는 김씨는 체험사업을 시작한 후에도 여전히 가게를 열심히 보면 된다. 이장이 소집한 회의에 잘 참석하고, 마을에서 공동으로 참여해야 할 일도 도우면서 자신의 가게를 열심히 운영하게 된다. 마을공동사업이 활성화되고, 마을을 방문객들이 증가하면서 가게 앞으로 지나다니는 사람들이 많아지면 자연스럽게 가게의 물건을 구입할 수 있는 사람도 꾸준히 증가할 것이다. 그 결과 가게의 수익은 지속적으로 증가하게 된다. 마을공동사업에 참여하면서 슈퍼 사장인 김씨의 개인소득은 자연히 늘어나는 결과를 얻게 된다.

농사가 시작되기 전 이른 봄철에 마을을 방문하는 체험객들은 하우스 딸기를 재배하고 있는 김씨 농장에서 체험을 하고, 모내기철에 오는 방문객은 논농사를 짓고 있는 최씨와 박씨 논에서 모내기 체험행사를 진행하게 한다. 그리고 감자 수확철에는 감자밭을 가꾸는 오씨 농장에서, 고구마캐기 체험은 고구마농장 사장인 황씨 농장에서, 그리고 옥수수따기 체험은 옥수수를 수확하는 절기에 이씨 농장에서 체험객을 수용하면 된다. 그리고 이때 체험객들이 지불하는 체험비의 농장별 지분은 농장주인에게 지불되고, 그것이 바로 농장수익, 즉 개별농가의 수익이 된다.

복숭아를 수확하는 절기에는 송씨의 복숭아농장에서, 포도를 수확하는 절기에는 국씨의 포도밭에서, 그리고 사과를 수확하는 절기에는 임씨 농장에서 체험객을 주로 받게 될 것이다. 모든 농사가 끝나 갈 무렵인 가을에는 마을 뒷산의 밤밭에서 알밤줍기 체험행사가 시작될 것이다. 다른 농장에서 체험수익이 발생할 때 밤농장을 소유하고 있는 김씨는 밤줍기 절기가 될 때까지 참고 기다려야 한다. 가을철이 되면 이제는 자신의 농장 수익이 다른 농장에 비해 크게 늘어나는 즐거움을 맛보게 될 것이다. 물론 목장을 운영하는 안씨가 가축체험 프로그램을 개발하여 체험사업을 하고 싶다면 다른 농장과 같이 목장체험행사를 운영할 수 있다.

민박을 하는 집들은 순번을 정하고 마을로 민박신청이 들어오는 사람들을 순번대로 돌아가면서 지정을 받으면 된다. 단체로 오는 체험객들의 숙박은 마을회관 2층이나 새롭게 마련한 펜션에서 수용하게 한다. 개별민박집은 배정받은 순번대로 수익을 얻게 될 것이다. 마을회관이나 펜션 이용객은 마을공동시설 운영을 위탁받은 사람이 운영을 하고, 수익의 일정액을 마을에 지불하게 하면 된다. 공동시설 위탁관리자의 선정은 마을회의에서 정한 규정에 의해 선정한다. 마을에 납부되는 임대료는 마을공동기금으로 조성된다.

민박을 운영하다 보면 단골손님이 생길 수 있으며, 단골손님은 마을로 예약을 부탁하지 않고 개별민박집으로 바로 예약을 하게 될 것이다. 이런 경우에는 이장이나 다른 민박집 운영자가 간섭할 수도 없고 해서도 안 된다. 민박을 하는 사람들은 서로 선의의 경쟁을 하는 것이며, 서로 서비스를 좋게 해서 자신의 민박집을 다시 찾아 주도록 잘 관리해야 할 것이다. 이것이 바로 체험객들이 마을을 재방문하게 하는 관리방법이다. 자신의 민박일을 열심히 하는 것이 개별수익을 올릴 수 있는 방법인 동시에 마을방문객을 증가시키는 방법이기도 하다. 그리고 재방문하는 체험객에 의해 다른 농가의 체험객들이 증가하게 될 것이다.

마을체험객은 민박에서 식사를 해결할 수 있으며, 단체손님들은 부녀회에서 운영하는 식사제공을 받을 수도 있다. 부녀회에서 운영해서 얻은 수익은 참여하는 회원의 일당, 즉 개별 수익과 비용을 제외하고 남은 금액은 부녀회 공동기금으로 적립된다. 그 밖에 식당을 이용하려는 사람이 있다면 그 손님들은 이장인 윤씨가 운영하는 식당을 찾아가면 될 것이며, 그 수익은 이장의 개인수입이 된다.

폐교에서 운영하고 있는 염색체험객 중 농사체험을 함께 하고 싶어하는 사람이 있다면 예약을 받아서 절기에 따라 적절한 농장과 연계시키면 될 것이다. 개인체험농장을 운영하고 있는 조씨는 자신의 체험사업을 변함 없이 운영하면 된다. 단, 마을의 자원을 공동으로 사용하면서 사업을 운영하기 때문에 서로 과도한 가격경쟁이나 공동공간을 사용하면서 생길 수 있는 혼잡을 피해 가면서 서로 긴밀하게 협의하는 운영 자세를 가져야 한다.

라) 마을공동수익사업 운영방법

마을공동시설을 이용하게 될 때에는 농장별 혹은 사업체별로 사용료를 지불해야 한다. 운동장이나 마을 앞 냇물, 그리고 마을회관의 회의장이나 주차장과 같은 편익시설은 공동으로 유지관리를 해야 하므로 연간 유지관리비를 충당하기 위해서라도 적절한 사용료를 징수해야 한다. 그 밖의 마을기금은 개별농가들이 연간 증가된 수익에서 일정 비율의 기부금을 책정하여 조성한다. 이렇게 조성된 마을기금으로는 마을잔치나 마을주민의 공동활동비, 그리고 독거노인들과 같이 도움이 필요한 마을주민을 위해서 사용되는 마을복지기금으로 활용된다.

김장김치 담그기와 같은 마을공동사업은 부녀회를 중심으로 운영된다. 마을 홈페이지를 통해 체험객을 모집한 후에 부녀회에 필요한 경비를 지불하고, 이장은 마을 내에서 재배되는 배추와 무, 그리고 각종 양념용 채소들을 구입한다. 재료를 구입할 때 재배농장에 직접 가격을 지불하게 되기 때문에 농장별로 개별소득이 즉시적으로 발생하게 된다.

부녀회에서는 행사에 필요한 도우미를 선착순으로 모집한 후에 일당을 지급하게 되므로 개인적으로는 개별소득이 발생하게 된다. 모든 경비를 다 지불하고 난 후 남게 되는 이익은 부녀회 기금으로 적립한다. 체험객에 의해 발생되는 수익은 그때그때 참여하는 체험지도 주민에게 일당으로 지급되거나 농장의 체험료로 지불되기 때문에 이장의 책임이나 자금관리 업무량을 크게 줄어든다.

마) 마을이장의 입장

마을사업의 책임자인 이장은 마을공동사업체의 사장이 아니라 식당을 운영하는 운영자의 한 사람인 동시에 마을체험사업의 협회장 역할을 하게 된다. 이장의 경우 자신이 운영하는 식당의 수익은 체험객의 증감에 따라 결정되기 때문에 체험객들을 많이 오게 하는 방법을 연구하게 될 수밖에 없다. 체험객을 많이 오게 하는 식당사장의 고민이 마을의 고민인 동시에 마을주민이 추구하는 목적과 같다. 그래서 마을사업을 구상하거나 운영하는 데 들어가는 노고는 체험사업과 전혀 관련이 없는 이장에 비해 현저하게 줄어들 것이고, 또 즐거운 마음으로 봉사할 수 있을 것이다.

협회장의 입장에서 농장별로 준수해야 할 공동규칙을 마련하고, 체험사업을 운영하면서 부족한 부분을 보완하는 기술교육 프로그램을 운영한다. 그리고 체험사업에 참여하는 농장이나 민박 등에서 잘못하고 있는 부분을 지적하고 수정하게 하는 마을 내 사업조정기능을 수행한다. 협회(마을사업 운영회)에서는 체험객들로부터 수시로 이용만족도에 관한 설문을 받아 분석 결과를 공개적으로 발표하고, 지적받은 농가들이 적극적으로 시정하도록 관리한다. 일반적인 협회의 기능을 마을사업 운영회에서 발휘하게 된다.

마을에서는 개별적으로 농사를 짓는 동시에 체험행사를 운영하기 때문에 절기마다 판매할 수 있는 농산물이 생산된다. 농장별로 자신의 농장을 방문하는 체험객에게 농산물을 직접 판매할 수 있으며, 동시에 마을공동매장이나 마을 홈페이지를 통하여 도시민에게 직거래를 할 수 있다. 마을공동매장을 이용할 경우에는 농산물 판매액에 대한 일정 비율의 수수료를 마을공동기금으로 납부하고, 홈페이지를 통한 판매도 같은 방법으로 이용수수료를 책정하면 된다. 이때 수합된 수수료는 마을공동기금으로 적립되어 마을공동운영자금으로 사용된다.

마을공동기금으로 마을이장을 비롯한 마을공동사업의 운영자에게 통신비용이나 차량운행비용, 그리고 기타 마을을 위해 사용되는 경비와 각자의 노력에 상응하는 보수를 적절하게 지급한다.

3) 갈등의 속성을 올바르게 이해하자

관련 공무원들은 자신이 관리하고 있는 마을에서 갈등이 있다는 소문이 나는 것에 대해 매우 민감하다. 마을주민들도 스스로 마을운영이 힘들다는 이야기를 하기 꺼리고, 외부에서 마을의 잡음을 눈치채지 못하도록 감추기에 급급해 한다. 물론 집안싸움이 외부에 알려지는 것을 좋아하는 사람이 없듯이 자신이 속해 있는 마을에서 주민들 사이의 불화를 소문내고 싶은 사람은 없을 것이다. 그러나 마을공동사업을 하는 도중에 발생하는 갈등의 속성을 올바르게 이해한다면 지금과 같이 마을의 속앓이를 숨기려고만 하지는 않을 것이다.

갈등은 나쁜 의미가 있지만 좋은 의미도 포함하고 있음을 알아야 한다. 앞에서 언급을 하였듯이 갈등은 상대의 의견이나 운영방법에 대해 서로 다른 의견을 갖고 있다는 뜻이다. 상대의 주장에 반해 자신의 주장을 관철시키고 싶다는 의지가 강하였을 때 발생하는 현상이다. 즉, 무엇인가 하고 싶은 일이 있고, 더 잘 할 수 있을 것 같은 욕심이 있으며, 더 바람직한 방법을 생각하고 있다는 의미이기도 하다. 서로 잘 하려고 하다 보니 의견 차이가 있고, 서로 자신의 의견을 주장하다 보니 감정의 골도 생길 수 있다. 서로의 의견을 조율하지 못하였을 때 나타나는 현상이 갈등이다.

갈등이 없는 마을은 외부에서 보기에는 좋을지 모르나 내부적으로는 무엇을 어떻게 해야 하는지 모르고 있는 마을일 수도 있다. 싫은 소리를 듣고 개인이 희생하면서까지 마을공동사업을 할 의지가 강한 지도자가 없는 경우도 있다. 혹은 강력한 지도자의 의견이나 추진방법에 대해 반론을 제기할 만한 젊은 사람이 없는 경우에도 주민 간 갈등이 없는 듯이 보일 수 있다. 물론 갈등 없이 마을주민들이 화합을 하면서 사업을 잘 하고 있는 마을도 있을 것이다. 그러나 갈등 없는 조용한 마을들은 전반적으로 마을사업을 뒤늦게 시작을 하거나 사업추진이 더딘 경우가 많다.

어느 한 마을의 이장이 자신의 마을은 갈등이 전혀 없다고 자신 있게 이야기를 한 경우가 있었다. 전국 규모의 특강에서 자신 있게 한 주장이었기에 모두 관심을 가졌다. "정말로 없느냐?," "지원금은 얼마나 받았냐?"는 질문에 약 24억 원 정도라 하였다. 작은 마을에서 큰 사업비이기도 하지만 갈등 자체가 없다는 말에 궁금하기까지 하였는데, 재차 묻는 질문에 대한 답변은 아직 본격적으로 사업이 시작되지 않았다는 것이었다. 실질적인 사업을 어떻게 해야 할지를 모르는 마을이다. 그래서 갈등이 없어 보이고, 또 시작도 안 되고 있는 마을이었다.

공동사업에서 갈등은 필연적으로 발생하는 문제라는 것을 인식해야 한다. 일종의 동업인 마을공동사업에서 갈등이 없다는 것은 불가능한 일이다. "동업은 부모자식 사이에도 하지 말아야 한다"는 말이 있듯이 아무리 좋은 의미로 시작한 사업이라 할지라도 서로의 불신과 의견 충돌로 말미암아 여러 가지 갈등에 직면하게 된다는 뜻이다. 갈등이 없는 공동사업을 바라는 것보다는 어차피 직면하게 될 갈등을 현명하게 해소시키거나 저감시키는 방법을 고민하는 것이 더 바람직하다.

갈등의 원인을 남의 탓으로만 돌려서는 안 된다. 갈등은 상대가 없으면 문제화되지 않는다. 혼자만의 갈등은 혼자 속으로 삭히면 되지만 마을공동사업상의 갈등은 함께 하는 주민이 있어서 발생한다. 결국 주민 모두가 서로 갈등유발의 원인을 제공하고 있음을 알아야 한다. 갈등은 인간적인 욕심에서 발생하는 것이므로 다른 사람이 욕심을 부린다고 생각하는 것과 동시에 나도 상대에게는 탐욕스럽게 보일 수 있다는 것을 명심해야 한다. 마을사업의 갈등을 남의 탓으로 돌리기 전에 자신이 먼저 해야 할 일을 찾아서 솔선수범하는 자세가 갈등유발의 근원을 제거하는 것이며, 발생된 갈등을 해소시키는 지름길이다.

마을공동사업에서의 갈등은 필연적인 현상이다. 서로 개인적인 욕심이 있어서 발생되므로 갈등의 책임을 남의 탓으로 돌리기보다는 주민 각자가 맡고 있는 책임과 의무를 성실하게 수행하는 자세가 갈등을 관리하는 방안임을 명심해야 한다.

4) 사업을 서두르지 말자

갈등이 심한 마을에서는 사업이 잘 되지 않은 이유를 마을 내부에서 찾기보다는 외부의 핑계거리에서 찾는다. 자신들을 정당화시키려는 결과이다. 복잡하고 힘든 문제에 직면하게 되면 "주민들은 하려는 생각도 없었는데 공무원이 하자고 해서 시작하였더니 괜히 골치만 아프다," "지도자가 혼자서 다 짜서 계획한 내용이라 잘 모르겠다," "몇몇이서 알아서 시작하였으니까 자기들이 문제를 해결해야 한다. 그리고 그들이 책임을 져야 한다" 등등의 수많은 이유가 있다.

마을지도자들이나 담당공무원들은 이왕 시작한 사업인데 다른 마을보다 더 열심히 하고 싶고, 더 빨리 성공하였다는 평가를 듣고 싶은 것은 당연하다. 마을사업을 추진하는데 해야 할 일들이 산적해 있다. 주민들 교육도 시켜야 하고, 마을계획을 설명하고 주민들 의식을 바꾸어서 사업에 적극적으로 참여하게 해야 한다. 체험 프로그램도 개발해야 하고, 행정적인 업무처리도 해야 하며, 사업자를 선정하고 함께 시공현장도 감독해야 한다.

마을주민들이 많이 도와 주어야 할 마을공동업무이지만 마을일들은 지도자를 비롯한 몇몇 측근들의 몫으로 남아 있다. 마을주민들이 지도자의 뜻이나 마을계획의 의미를 이해하고 잘 수용해 주면 다행인데 그렇지 못한 경우가 많다. 지도자의 마음은 급한데 주민들의 생각은 아직도 먼 곳에 있다. 지도자와 주민들의 생각 차이가 클수록 마을사업의 갈등유발 가능성이 커진다. 그리고 갈등문제가 해결되기보다는 새롭게 생겨나는 갈등이 더 많아진다. 자연히 지도자들은 조급할 수밖에 없다.

"목마른 사람이 우물을 판다"라는 속담과 같이 마음이 바쁜 지도자는 주민들의 반대가 심하거나, 반대까지는 아니지만 마을사업 참여에 소극적인 사람이 있어도 묵묵히 참고 일을 추진하는 경우가 많다. 지도자는 지금까지의 직책상 봉사정신으로 임기 동안만이라도 자신이 겪는 업무상 고통을 참는 경우가 대부분이다. 그런데도 문제가 발생하면 주민은 지도자의 잘못이나 부족한 부분을 문제삼아 문제발생의 책임을 지도자에게 묻는다.

주민들이 공동사업에 대한 마음의 준비가 덜 되어 있거나 사업에 대한 이해가 부족해서 참여가 적극적이지 않을 때에는 사업의 속도를 줄이는 지혜가 필요하다. 급한 마음에 지도자가 혼자 너무 앞서 가게 되면 주민들이 따라오는 데 힘들게 되고, 심한 경우 낙오자가 생기기 시작한다. 물론 사업의 의미를 이해하지 못하기 때문에 불평이 많아진다. 결국에는 지도자를 불신임하게 되는 갈등의 파국을 맞게 된다.

이런 경우 지도자는 사업의 속도를 줄여야 한다. 주변과 비교해서 뒤쳐진다고 해도 급하게 추진해서 큰 문제가 발생하는 것보다 보다 안정적으로 내실 있게 사업이 진행되는 것이 장기적으로는 더 바람직하다. 뜻이 맞는 소수의 사업자가 동업을 할 경우에도 이런 경우가 생긴다. 그런데 주민들의 생각이나 능력 차이의 편차가 큰 마을사업에서는 당연한 일이다. 마을주민이 따라오지 못한 사업에서 진도는 일방적으로 빨리 추진되기보다는 주민을 이해시키면서 부족한 부분을 보강하며 철저히 가는 여유가 필요하다.

5) 귀농 · 귀촌인과 함께 하는 개방적 환경을 조성하자

"인사가 만사다"라는 말이 있듯이 마을사업을 성공적으로 추진하기 위해서는 유능한 인적 자원이 필요하다. 운영자는 시대의 흐름을 잘 읽어야 하며, 사업적인 감각이 있어야 한다. 마을주민들의 다양한 의견들을 협의하고 조율하는 능력이 있는 건강하고 젊은 지도자가 필요하다. 그러나 우리 농어촌의 실정은 그렇지 못하다. 모든 마을의 상황이 다 그런 것은 아니지만 농어촌이 노령화 사회로 변하면서 사회의 요구에 대응하는 능력 있는 젊은이들이 부족하다.

마을사업을 원활하게 추진하기 위해서는 외부의 유능한 인력을 활용할 필요가 있다. 마을을 떠나 도시생활을 하였던 사람들이 귀향해서 농어촌사업의 지도자가 되는 것도 좋고, 농촌생활을 영위하고자 귀촌한 사람들도 좋다. 이들은 농어촌에서 생활하고 있는 주민들보다 도시민들의 취향을 잘 이해하고 있다. 그래서 도시민을 위한 프로그램을 개발하고, 역동적으로 농어촌사업을 기획할 수 있다. 도시생활에서의 폭넓은 사회관계를 통해 홍보에도 유리한 능력을 가지고 있다. 특히, 마을사업을 운영 · 관리하는 데 필요한 법률적인 문제나 회계처리와 같은 복잡한 문제들도 합리적으로 해결할 수 있는 능력이 있는 경우도 있다.

마을의 상황에 따라서는 외지인들과 조화로운 생활을 하면서 귀농 · 귀촌인에게 도움을 많이 받고 있는 마을도 있으며, 외지인이 마을사업의 지도자로 성공적인 역할을 하는 곳도 생겨나고 있다. 외지인은 마을주민에게서 농사짓는 방법을 배운다. 농어촌생활에 잘 적응하는 방법을 전수받는 대신 마을주민들은 외지인의 도움으로 마을사업을 성공적으로 추진하고 있어 상부상조의 대표적인 표본이 되고 있다.

모든 외지인이나 귀향인들이 마을공동이익을 위해 도움을 줄 수 있는 것은 아니다. 도시생활에 너무 익숙해져서 마을의 생활환경에 적응하지 못할 수도 있다. 너무 이기적인 생각에 사사건건 이해타산적인 의견을 제시하거나 행동을 하여 마을주민들을 당황하게 하는 경우도 있다. 이런 경우가 마을의 갈등유발의 원인이 되는 경우도 있어 외지인과 마을주민들이 함께 사업을 하는 것이 매우 조심스러운 것도 사실이다.

어떤 마을에서는 외지에서 귀농한 마을지도자나 사무장들이 주민들의 배척이나 비협조 등으로 많은 어려움을 겪기도 한다. 그 자체가 마을의 갈등요인이 되어 심한 경우에는 마을을 떠나는 경우도 있다. 어떤 경우는 마을사업에 회의를 느끼고 외톨이 생활만 하는 경우도 있고, 또다른 경우에는 개인사업체를 운영하면서 마을사업과 경쟁적 관계에서 끊임없는 법적 분쟁을 이어가는 경우도 있다.

이제는 주민들의 인식과 태도도 변해야 한다. 앞으로 더 많은 도시민들이 농어촌으로 귀농하게 될 것이다. 그들의 일부는 체험과 관련된 여러 가지 유형의 사업에 참여할 것이다. 민주자유국가인 나라에서 선의의 경쟁을 인위적으로 거부하거나 방해할 수는 없다. 또한 외지인들은 오랫동안 마을을 가꾸고 지켜 온 주민들의 생활터전에서 수익사업을 하므로 주민들의 전통을 이해하고 존중하는 자세를 유지해야 한다. 동시에 마을주민들은 자신의 마을을 발전시키기 위해서라도 외지인에 대한 폐쇄적이고 배타적인 태도에서 벗어나 개방적이고 포용적인 태도로 바뀔 필요가 있다. 마을주민과 귀향 · 귀촌인의 협력이 마을사업을 성공시키는 원동력이 될 것이며, 그 결과 서로의 이익도 극대화될 것이다.

2. 성공할 수 있는 운영전략을 수립하자

1) 자기 마을의 자원을 활용하자

공동사업을 시작하기로 결정한 마을에서는 걱정이 많다. 재원도 넉넉하지 못하지만 평생 농사만 짓고 살았던 농부의 입장에서 "무엇을 가지고 사업을 할까?" 걱정을 한다. 그리고 어떻게 해야 할까 등 수많은 걱정으로 스트레스가 쌓인다. 이와 같은 상황은 처음 사업을 시작하는 마을에서 직면하고 있는 보편적인 현상이다.

사업계획을 세우기 시작하면서 마을사업을 이해하지 못하는 주민들을 위하여 단체로 선진 마을의 시찰을 다닌다. 앞서 시작한 선진 마을을 답사하고 현지에서 배우기 위한 목적이다. 그러나 잘 해서 앞서 나가는 마을에 비해 자신들의 한계를 더 절실하게 느끼고, 늦게 시작하는 자기 마을에 대해 비관적일 수 있으므로 조심해야 한다. 자기 마을에 없는 선진 마을의 특색 있는 자원이나 모두 열심인 주민의 열의에 대한 열등의식은 사업 추진에 전혀 도움이 되지 않는다.

농촌체험사업은 자기 마을의 특성을 살리는 사업이다. 자신의 마을에 있는 자원을 가지고 마을주민들의 능력 수준 범위 내에서 사업을 시작하는 것이다. 자기 마을에서 할 수 있는 농촌생활을 체험하고, 자기 마을에서 짓고 있는 농사일을 함께 하는 것이 진정한 농촌체험관광이다. 마을주민 중에서 짚공예에 재능이 있는 사람이 있다면 짚공예 체험 프로그램을 편성하면 되고, 풀피리를 잘 부는 사람이 있으면 풀피리 불기 체험 프로그램을 운영하면 된다.

마을 앞에 개울이 흐르면 물놀이와 관련된 체험 프로그램을 기획하고, 복숭아, 포도, 배, 사과 등 과수원이 있으면 계절에 따라 과수원 체험 프로그램이 그 마을의 특성을 살리는 중요한 자원이 된다. 오징어가 많이 잡히는 곳에서는 오징어가, 전어가 많이 잡히는 곳은 전어가, 그리고 조개가 많이 잡히는 갯벌에서는 조개잡이 체험이 이루어진다. 절기에 따라 농사일의 종류가 달라지고 수확하는 농산물이나 어패류가 변한다. 그 절기에 따라 다양한 체험이 이루어지기 때문에 자기 마을에 없는 자원을 가지고 고민할 필요가 없다.

지역에서 성공시킨 지역축제를 예로 살펴보면, 화천군에서는 그 지역의 특산물인 산천어를 대상으로 하는 산천어축제가 기획되었다. 소양강에서는 겨울철에 빙어축제가, 지리산에서는 마을 뒷산에 널려 있는 산나물축제가, 그리고 강원도의 한 마을에서는 가난을 극복하기 위해서 시작하였던 떡만들기가 축제의 주제가 되기도 한다. 어떤 마을에서는 농한기 소득사업이었던 다양한 농공예품들이 마을체험의 주제로 발전되어 외지인들로부터 각광을 받고 있다. 보령의 앞바다 뻘밭은 패류 양식장 정도로 생각해 왔던 것이 화장품을 비롯한 피부건강 상품으로 개발되었고, 뻘 속에서 딩굴고 뛰노는 뻘밭축제로 승화되었다. 이 모든 것들이 바로 자기 지역의 특산물이 강한 경쟁력 있는 자원임을 입증하고 있는 것이다. 농어산촌체험의 중요한 자원은 자기 고장에서 생산되고 있는 농어산물과 마을의 생활환경임을 명심해야 한다.

2) 다른 마을의 사례를 모방이라도 잘 하자

"농촌체험 프로그램 내용이 마을별로 큰 차이가 없어 경쟁력이 없다"는 비판을 받고 있다. 가는 곳마다 유사한 체험 프로그램으로 식상하다는 평가를 듣는다. 그래서 다양한 도시민들의 취향을 따라가지 못하므로 농촌체험도 곧 사양길에 접어들 것이라고 한다. 마을사업을 새롭게 준비하고 있는 마을에서는 기존의 마을에서 하지 않은 자기 마을만의 독특한 체험상품을 개발해야 한다고 독려하는 전문가들도 있다.

농사만 지었던 농민의 경우 앞서 가는 마을의 체험사업을 그대로 따라서 하기도 힘든데 남들이 하지 않은 새로운 체험상품을 개발해야 한다고 하는 지적 때문에 심한 스트레스를 받고 있다. 남들이 하지 않는 독특한 상품을 개발하는 것은 중요하다. 그러나 아무리 중요하다고 해도 우리나라의 농어촌 실정과 현재의 농촌체험관광의 현실에서 어느 마을에서도 시도하지 않은 독자적인 상품을 개발한다는 것이 쉽지는 않다. 오랜 기간에 걸쳐서 형성된 농업과 농촌 전통을 기반으로 하는 체험상품이 공산품 개발과 같이 손쉽게 되는 것이 아니기 때문이다.

(1) 사업은 유명 상품을 모방하면서 발전한다

"농촌체험사업을 처음 시작하는 마을은 다른 마을의 상품이나 프로그램을 모방이라도 잘 할 필요가 있다"라는 생각을 한다. 자기 마을의 독창적인 체험상품을 처음부터 만들어 내면 더할 나위 없이 좋겠지만 이와 같은 주문은 앞서 가는 선진 마을에서나 가능한 일이다. 세계적인 회사의 경우도 다른 나라의 제품이나 앞선 기술을 모방하는 단계를 거치면서 발전하는 것이 보통이다. 그런데 새로운 사업에 초보적인 농민들에게 다른 마을과 차별화된 상품을 개발하라고 주문하는 것은 무리다.

유명한 자동차회사도 처음에는 중고차량을 수입해서 개조하는 과정을 거쳤다. 선진국 회사와 기술제휴를 통해 보다 앞선 기술을 전수받듯이 우리나라 농촌체험사업도 같은 과정을 밟는 것은 당연하다. 아무리 훌륭한 음식이 새롭게 개발된다 하더라고 우리의 입맛을 사로잡는 것은 여전히 김치와 된장국이다. 극히 평범하고 일반적인 가정식 백반이나 곰탕집, 설렁탕집들이 전국 곳곳에서 개업을 하고, 또 크게 성공하는 것을 보면 우리 국민들의 입맛이 꼭 새로운 것만을 추구하는 것은 아니라는 것을 알 수 있다.

새로운 식당사업을 시작하려면 그 분야에서 유명한 집의 주방에서 허드렛일을 하면서 조리법이나 운영방법을 배우는 사람이 있다. 아주 기초부터 튼튼하게 배워야 한다는 뜻도 있지만, 유명한 집에서 그 집만의 성공비결을 배워서 창업을 하려는 의도가 있다. 중국음식점에서 배달부 일부터 시작하였는데 유명해진 중국음식점 사장이 된 경우도 있고, 유명 미용실에서 잔심부름을 하면서 기술을 배워 훌륭한 미용실 사장이 되는 경우도 많다. 디자인분야도 그렇고 기계류 제조업도 그렇다.

거의 모든 분야에서 자기 사업을 시작하려고 할 때는 자기가 하고자 하는 분야의 유명한 곳에서 모든 기술을 모방하듯 배우면서 자신의 사업을 준비한다. 현재 우리나라 굴지의 대기업도 해외 벤치마킹을 통해 새로운 분야를 개척해 왔다. 농촌체험관광에서도 다른 마을의 좋은 사례를 모방하면서 발전하는 것은 극히 당연한 과정이다. 다른 마을의 체험 프로그램을 모방하는 것이 문제가 아니라 모방만을 답습하는 수동적이고 안이한 사업자세가 문제이다.

(2) 우리나라 농촌문화는 서로 비슷한 동일 문화권이다

우리나라는 국토의 면적으로 보나 농경문화의 근간으로 보나 지역별로 큰 차이가 나지 않는다. 계절에 따른 변화도 거의 같은 기후권역에 속하며, 생활문화도 비슷하다. 물론 전국 팔도 각 지역의 향토문화가 다르고, 독특한 자연환경과 지역별 생활문화가 특이한 곳도 많다. 하지만 서로 통하지 않는 곳이 없을 정도로 한 민족, 한 문화권이라고 해도 과언이 아니다. 농사기법에 큰 차이가 있는 것도 아니고, 작목에 특별하게 차이가 많은 것도 아니며, 생활습관도 거의 비슷하다. 그러므로 우리나라 농어산촌에서 체험할 수 있는 기본적인 자원에는 유사점이 많아 비슷한 체험상품들이 공존할 수밖에 없는 공간적인 한계가 있다.

농촌체험관광은 마을의 자원과 여건을 활용한 사업이므로 우리나라와 같이 자연환경이나 농촌 생활환경이 비슷한 마을에서는 비슷비슷한 체험 프로그램이 제공될 수밖에 없다. 기본적으로 비슷한 프로그램이더라도 운영하는 사람이나 마을별 특성에 따라 자연스럽게 차별화되므로 모방 자체가 해가 되지 않는다. 반면에 농어촌에서 마을만의 독특한 체험 프로그램을 개발한다고 해도 체험객의 보편적인 정서에 맞지 않아 이용객으로부터 외면당할 수도 있다.

같은 인절미를 만들어도 첨가되는 소재에 따라 쑥인절미도 나오고, 콩인절미도 나온다. 뽕잎, 진달래꽃잎, 그리고 모싯잎 등 여러 가지 색과 맛이 다른 상품이 개발될 수 있다. 같은 설명이라도 지역에 따른 구수한 사투리가 맛깔스럽고, 설명하는 사람의 서로 다른 인생경험이 어떻게 곁들여지느냐에 따라서 서로 다른 체험 프로그램이 만들어진다. 단순히 소재나 외형이 비슷하다고 해서 지루하거나 식상한 체험이 아니다. 조금만 각색을 하면 다양하고 새로운 느낌을 나누는 체험 프로그램으로 재탄생될 수 있다.

(3) 농촌체험관광의 잠재고객은 많다

도시민이 농촌체험을 위해서 농어촌을 방문하는 횟수는 매우 제한적이다. 자주 농어촌을 방문하여 유사한 체험을 반복적으로 한다면 싫증나겠지만 우리의 현실은 그렇지 않다. 여가시간 중에서 극히 일부분을 농촌체험에 할애하고 있으며, 재방문도 매우 오랜 시간 차이를 두고 이루어진다. 1년에 3~4번을 방문하는 사람도 4~3개월 만에 한 번꼴로 농어촌을 방문하게 된다.

1년에 1~2번 고향을 방문하게 되면 갈 때마다 새롭고 즐거운 것과 마찬가지로 유사한 농어촌체험 상품도 도시사람들에게는 색다른 여가만족도를 줄 것이다. 농어촌의 환경 자체는 도시민에게 물리지 않은 체험상품의 가치를 충분히 간직하고 있다. 도시민을 모집해서 체험 프로그램을 운영하는 사람의 입장에서는 반복적이어서 싫증이 날 수 있겠지만 실제 참여하는 체험객 입장에서는 진행자나 전문가와 다른 생각을 가지고 있을 수 있다.

2008년 OECD 보고서에 의거한 우리나라의 지역별 인구 구성은 농어촌 19.1%, 도농복합도시 36.5%이고, 순수 도시인구는 44.4%이다. 앞으로도 도시화가 꾸준히 진행될 것으로 생각한다면 순수한 도시인구 비율도 지속적으로 증가할 것이다. 도시인구는 바로 농어촌체험관광의 잠재고객이라 할 수 있다. 우리나라의 농어촌체험관광 인구도 연 16.4%씩 증가하고 있기 때문에 앞으로 농어촌체험을 원하는 사람들은 여전히 늘어날 것이다. 농촌체험관광 경험이 없는 사람에게 현재의 체험상품들도 여전히 새로운 의미와 가치를 지니고 있다.

3) 마을 여건에 맞는 사업규모를 정하자

(1) 과도한 목표설정은 금물

마을사업을 하는데 자금이 필요하다는 사람들이 많다. 자원도 좋고 주민들의 의지도 강한데 공동사업자금이 없어 정부의 지원금을 받게 되면 사업을 시작하려 한다고 이야기한다. “뭘 하는데 자금이 필요합니까?”라고 다시 질문을 하면 “체험장이 없다. OO마을에 가보니 체험장이 잘 만들어졌더라. 비가 오더라도 체험활동을 할 수 있도록 체험장이 필요하다.” “체험객들이 오면 주차해야 할 주차장도 필요하고, 마을 진입로도 확장하고 포장을 해야 하고…….” 마을사업에는 많은 사업비가 필요하기 때문에 손쉽게 시작할 수 없다고 한다. 물론 사업을 하는데 사업비가 필요한 것은 당연하다. 자금이야 적은 것보다는 많은 것이 더 좋을 수밖에 없다. '다다익선'이라는 말도 있지 않는가?

그러나 사업에 대한 확신이 있는 곳에서는 자금 부족의 불만을 토로하기 이전에 열악한 시설에서라도 작은 규모의 사업을 시작한다. 매우 열악한 마을이지만 정부의 지원금 없이도 시작을 해서 지금은 전국적으로 유명한 마을로 발전된 곳도 있다. 정부의 지원금은 상환할 필요가 없는 무상지원이므로 마을주민들의 경제적인 부담 없이 손쉽게 사업을 시작할 수 있다. 그러나 농촌 현장에서 보면 지원금을 받는 마을에서 오히려 부작용이 많아 시작과 동시에 침체된 곳도 많다.

체험사업을 하고 싶다면 체험장이 없이도 시작하면 된다. 체험장 시설이 없을 경우 비가 오는 날이면 체험행사를 취소하든지, 좁지만 비를 피할 곳에서 진행되면 된다. 연중 비가 오는 것도 아니고 처음부터 대규모 체험객을 수용하는 것도 아니다. 적은 숫자의 체험객으로 체험행사를 진행하면서 사업운영 기술을 습득하게 되면 그 후 대규모 사업으로 확장할 수 있다. 처음 시작하는 소규모 체험행사는 비닐하우스에서도 가능하며, 꼭 비를 피해야 할 넓은 곳이 필요하면 대형 텐트를 치면 가능한 일이다. 시작도 해 보기 전에, 그리고 처음부터 대규모 체험객이 단체로 찾아오지도 않을 텐데 앞서 나가고 있는 선진 마을을 따라 흉내를 낼 필요는 없다.

잘 포장된 주차장이 없다면 공터를 확장해서 임시주차장으로 사용하고, 사업자금이 축적되면 재정비해서 포장을 하면 된다. 차량진입이 불편한 곳은 마을주민들이 노력해서 진입로를 확장하면 된다. 비포장도로도 도시민에게는 새로운 농촌의 멋을 연출할 수 있을 것이라는 농어촌 중심적인 사고를 해야 한다. 성공한 마을을 사례 지역으로 선정하고 체험사업과 관련된 시설을 보완해 가는 것은 필요하지만, 처음부터 마을의 능력은 고려하지 않고 우수마을 사례를 따라가려는 생각은 피해야 한다.

연중 3만여 명의 체험객이 방문하고 있는 한 체험농장의 경우에도 진입로는 여전히 좁고 비포장인 상태다. 주차장도 필요에 따라 공터를 임시주차장으로 활용하고 있다. 진정 농촌체험사업의 가치를 이해하고 성공 가능성을 확신한 사람은 시작부터 무리한 사업계획을 세우지 않는다.

우선 마을이 수용할 수 있는 능력범위 내에서 사업을 시작하는 것이 필요하다. 작은 규모의 사업을 통해 보다 큰 사업을 수용할 수 있는 능력을 배양하는 사업자세가 필요하다. 사업을 조급하게 추진하려다 참여자 사이의 오해와 갈등이 심해지면 사업 추진의 속도가 떨어진다. 그리고 결국에는 사업이 중단되는 경우가 있음을 명심해야 한다.

(2) 적극적 참여자를 중심으로 시작하자

모든 일이 다 그러하듯이 구성원들이 사업에 열성적으로 참여하지 않는다면 어떤 일이라도 성공할 수 없다. 일단 구성원들이 자신들의 사업에 대해 성공할 수 있다는 확신이 있어야 한다. 그렇게 된다면 사업의 내용을 자세히 알고 싶어한다. 그 결과 자신들이 참여해야 할 부분을 파악하고 협조하는 데 시간과 노력을 아끼지 않는 적극적인 참여 형태로 나타난다. 개인사업과는 다르게 공동사업은 여러 사람의 의견을 조율해야 한다. 그리고 의견이 취합되면 목표를 달성하기 위하여 구성원 모두 적극적으로 사업에 매진해야 한다.

마을공동사업의 현실은 사업 책임자인 지도자와 협조자 몇몇 사람을 제외하고는 남의 일 보듯이 소극적이고 비관적이다. 이런 열악한 사업환경 속에서 공동사업이라는 명목하에 많은 주민들이 참여하기를 기대하고 있으니 이율배반적인 형상을 하고 있다. 힘을 합하여 열심히 해도 모자라는 판국인데 대부분의 주민들이 관심도 갖지 않는 상황에서 어찌 사업이 성공하기를 기대한다는 말인가?

마을사업의 외형적인 규모나 형태에 너무 연연하지 않는 것이 좋다. 마을사업을 처음 시작하고 있는 곳에 가서 “마을사업 잘 되고 있습니까?”라고 질문을 하면 “많은 주민들이 관심을 가지고 있고, 협조도 잘 하고 있습니다”라고 답변을 한다. 외부에서 마을을 평가하는 기준이 마을주민의 사업에 대한 관심도와 참여율이 포함되어 있기 때문이기도 하지만 다른 마을과의 경쟁에서 잘 보이고 싶은 과시적인 생각에서 나온 답변이라는 것을 부인할 수 없다. 너무 잘 되는 척할 필요가 없다. 더디더라도 천천히 추진하는 마을의 비전이 더 밝을 수 있다.

전시형 마을사업 구조보다도 사업을 함께 성장시킬 의사가 분명한 사람들을 중심으로 사업을 시작하는 것이 바람직하다. 소수지만 적극적으로 참여할 의사가 있는 사람들로 시작한 사업이 발전하게 되면 사업에 대해 비관적이고 소극적이던 사람들도 점차 마음의 문을 열게 된다. 마을 현장조사에서 보면 서류상 참여주민의 통계는 허수인 경우가 많다. 허수가 많을수록 사업의 기초가 부실하며, 기획이나 조직력에서 허점이 많아 사업을 실질적으로 추진하는 데 많은 문제가 발생한다. 소수지만 참여할 의사가 분명하고 능력이 있으며, 자신의 역할과 의무를 찾아서 적극적으로 참여하는 주민들로 공동사업이 시작되어야 한다.

4) 다른 사람을 탓하기보다 자신의 역할을 찾자

농촌체험사업을 시작하면 준비단계에서부터 해야 할 일들이 참 많다. 사업을 준비하는 과정에는 사업계획서를 작성하고, 대외적으로 협의하는 데 많은 시간과 노력이 소요된다. 내부적으로는 주민들을 교육하고 역할분담을 해야 하며, 마을을 정비하고 체험을 위한 시설물과 공간을 조성하는 등 수많은 일들이 산적해 있다. 주민들은 자신의 농사일도 해야 하고, 마을공동사업을 위한 준비도 해야 하니 모두 바삐 움직이지 않으면 안 된다. 개인의 사업이라면 사업에 대한 책임이 사업주에게 달려 있다. 사업이익도 모두 개인의 몫이므로 사업과 관련된 모든 부담을 다른 사람의 탓으로 돌릴 이유가 없다. 그저 자신이 해야 할 일을 묵묵히 하면 된다. 그러나 마을공동사업과 같이 여러 사람이 참여하는 경우에는 전혀 다른 양상이 나타난다.

마을사업이 원활하게 추진되지 못한 마을일수록 이유와 핑계거리가 많다. 자신은 잘 하고 있는데 다른 사람이 협조를 하지 않는다고 생각한다. 마을공동의 일에 잘 참여하지도 않고 각자 해야 할 일에도 불성실하다는 이야기가 지배적이다. 힘든 일에 앞장 서는 사람은 항상 정해져 있다. 그리고 불평하면서 뒷전으로 물러나 있는 사람도 항상 존재한다. 사사건건 마을일에 반대하거나, 혹시 참여를 해도 형식적이어서 차라리 마을사업에 참여하지 않겠다고 분명하게 의사를 밝혔으면 하는 사람도 있다.

자신에게 해가 되거나 힘든 일은 피하고 싶고, 자신에게 득이 되는 일에는 적극적으로 관심을 보이는 현상은 극히 자연스러운 일이다. 일종의 무임승차 의식이 강한 사람들이 있다. 그러나 힘들지만 공동 일에 앞장 서고, 어려운 일이지만 솔선수범하려는 사람이 많은 마을은 그렇지 않은 마을에 비해 성공할 수 있는 확률이 높다. 공동의 일을 자신이 해야 할 의무로 생각하지 않는 경우 다른 사람의 허물이 눈에 보이기 시작한다. 불만들이 처음에는 비공개적으로 논의되다가 결국에는 공개적이며 공격적으로 서로의 잘못을 탓하려 드는 것이 갈등유발의 과정이다.

다른 사람의 허물을 보려고 하기보다는 자신이 해야 할 일을 찾아서 묵묵히 실행하는 주민들이 많아져야 한다. 체험사업에는 여러 가지 일들이 산적해 있으므로 주민들이 해야 할 일도 다양하다. 어느 누구라도 자신의 능력에 맞추어서 해야 할 역할이 있고, 어떤 누구라도 자신의 역할에 적합한 일들을 찾을 수 있다. 지도자의 계획에 따라 마을주민 각자가 해야 할 일이 정해지겠지만 불평하고 남의 잘못을 비난하기 이전에 자신이 맡은 일을 성실히 수행하는 자세를 가져야 한다.

5) 상대를 배려하는 마음을 갖자

마을사업을 추진하면서 서로 양보하고 협조해야 할 부분이 많이 생긴다. 우리나라의 농어촌은 개인의 이익을 먼저 챙기는 도시생활에 비해 여전히 자신이 참고 남을 배려하려는 경향이 더 강하다. 그러나 요즈음 농어촌의 사회환경도 개인주의가 팽배해지면서 옛날 같지 않다는 이야기가 많다. 모든 것이 변화하는 자체가 자연적인 현상이라면 지금의 농어촌사회 여건도 시대의 변화에 따라 새로운 모습으로 진화하고 있다고 보아야 한다.

마을회의를 하거나 공동으로 작업을 할 때 마을의 공동이익도 중요하지만 공동사업에 반대하는 사람에 대한 배려가 필요하다. 특히, 마을일에 비협조적인 사람이 있다 하더라도 공동사업을 위한 결정이라는 명분을 내세워 급하게 강요해서는 안 된다. 마을사업을 이해할 때까지 기다리는 배려가 필요하다. 생각하는 여유를 주고 진심으로 마을일에 참여하는 기회를 주지 않으면 충돌의 파국을 피할 수 없게 되기 때문이다.

사 례

한 마을에서 시행하고 있는 체험 프로그램 중에 우마차를 타고 동네 한 바퀴를 돌아보는 계획이 있었다. 이 마을에서 우마차를 끌 수 있는 소를 소유한 집은 한 집뿐이었는데, 마을지도자와 행사진행자는 그 주민이 기꺼이 소를 빌려줄 것으로 생각하고 미리 양해를 구하지 않았다. 그러나 행사 전날 마차를 끌 소를 빌리기 위해 주민의 집을 찾았던 행사진행자들은 소를 빌려 줄 수 없다는 주민의 말에 당황하였고, 여러 번 설득하였으나 설득은 쉽지 않았다. 예기치 못한 상황이 발생해서 결국 우마차를 타고 마을을 도는 프로그램을 포기하기로 최종 결정을 내릴 수밖에 없었다. 그러나 행사를 개막하는 당일 아침에 주민이 자신의 소를 끌고 나와 취소의 기로에 선 사업이 차질 없이 진행되었고, 이후로 소의 주인도 마을공동사업에 보다 적극적으로 참여하게 되었다.

오랫동안 같은 마을에서 생사고락을 같이 한 마을주민들은 바로 이웃사촌이다. 마을회의에서 결정된 내용에 반대를 하는 사람도 나름대로 생각이 있는 것이다. 마을사업을 위해 부탁하는 사람이나 마을에서 필요한 것을 거부하는 사람 모두 마음이 편할 리 없다. 한 동네에서 얼굴을 마주칠 때마다 서로에게 미안한 마음을 가질 것을 생각하면서 서로의 입장을 이해하도록 노력해야 한다. 부탁하는 사람은 거절하는 사람 입장에서 이해하고 다른 방법을 찾으려고 노력해야 할 것이며, 부탁을 거절한 사람은 마을을 위해 자신이 양보를 해서 부탁을 들어 주어야 하는가 고민을 할 것이다. 그러는 사이에 자신도 모르게 서로 합리적인 방안을 모색하는 경우가 있으므로 너무 조급하게 상대의 입장을 무시해서 마음의 상처를 입히지 않아야 한다. 이는 다음에 더 좋은 화합을 이룩할 수 있는 여지를 열어 놓는 계기가 될 것이다.

6) 다수결 원칙에 대한 의존도를 낮추자

서로 다른 의견을 취합하는 의사결정 방법으로 다수결의 원칙이 지배적이다. 의결대상자의 대다수 의견으로 전체의 의사를 결정짓는 것은 합리적이고 민주적인 방법으로 통한다. 다수결의 원칙에 의해 마을주민의 뜻이 취합되고 사업의 방향이나 방법이 결정된다. 이 결과는 마을주민들이 참여해서 공동의 목표를 달성하는 데 적극적으로 동참하겠다는 주민들의 동의가 전제되었다는 것을 의미한다.

그러나 농촌현실에서는 그렇지 못하다. 회의 중에 침묵으로 자신의 반대 의사를 표현하고 있다든가, 기권이나 회의 불참으로 자신은 회의 안건에 대해 동의할 수 없음을 나타내는 경우가 많다. "다수결로 결정하였다면 찬성한 사람들이나 열심히 해라"는 식으로 수수방관하는 주민들도 있다. 심지어는 의결된 후에 의사결정 과정의 불합리한 점이나 정족수에 대한 문제를 제기하거나, 의사진행자의 강압적인 회의 분위기 등 집행부의 사업진행에 사사건건 시비를 제기하는 경우도 있다. 정상적인 회의를 통해 정당한 방법으로 의결된 사안이라 하더라도 현실적으로 원활하게 추진할 수 없는 상황이 반복되면 마을사업은 추진동력을 잃기 십상이다. 이런 과정에서 갈등이 심화되고 마을사업은 명목만 유지되면서 자연스럽게 침체되는 결과를 맞이하게 된다.

마을사업의 최대목표는 마을주민들이 적극적으로 참여해서 공동사업을 반듯하게 성공시키는 것이다. 일이 원활하게 추진되기 위해 마을주민의 의견을 다수결로 채택하는 것까지는 좋은 일이나 그 결과가 의도하는 방향으로 움직이지 않는다면 합리적인 의결수단 그 자체도 검토해야 할 필요가 있다. 효율적인 의사결정 과정을 거쳤지만 주민들이 자신의 의견을 체계적으로 밝힐 만한 마음의 준비가 덜 되어 있거나, 농어촌사회의 전통적인 여건상 공개적으로 자신의 반대 의견을 개진할 수 없을 때도 있다. 즉, 다수결로 주요 사안을 의결하는 것보다 주민들이 충분하게 자신의 의견을 서로 개진할 수 있는 여건을 조성하는 것이 더 중요하다.

회의가 너무 오랜 시간 동안 진행되어서 지루하게 인식되지 않도록 하는 것도 중요하다. 회의시간은 약 1시간 정도씩 하는 것이 바람직하며, 최종 결정을 하는 데 5분 정도를 할애한다면 나머지 시간 동안에는 많은 사람들에게 서로 의견을 교환하는 기회를 줄 수 있을 것이다.

지도자는 될 수 있으면 여러 사람의 의견을 듣는 자세를 가져야 한다. 너무 앞서서 결정되어야 할 결과를 제시하여 주민들에게 불필요한 선입견을 갖게 해서는 안 된다. 마을회의 전에 마을 홈페이지에 토의할 내용, 참고자료, 그리고 검토되어야 할 주요 안건 등을 미리 올려놓아서 주민들이 회의에 참석하기 전에 자신의 소견을 정리한 후에 참석하도록 해야 한다. 그러면 회의시간이 단축되고, 동시에 토의해야 할 안건에 대한 주민의 집중도도 높아져서 쉽게 주민들의 의견을 취합할 수 있다.

마을공동사업은 성공해야 의미가 있으며, 성공의 상태가 오랫동안 지속되는 것이 진정한 의미의 성공이라 할 수 있다. 마을공동사업을 운영한다는 것은 쉬운 일이 아니다. 과정이 너무 거추장스러워 진행 과정이 더딘 것도 문제지만, 그렇다고 급하게 서두르다 사소한 오해 때문에 사업 자체가 불가능하게 되는 것은 피해야 한다. 마을주민이 확실하게 이해하지 못하였거나, 본격적으로 사업에 임할 자세가 갖추어지지 않았거나, 추진방법이나 사업내용에 대한 의견조율이 더 필요하다고 생각된다면 시간이 더 걸리더라도 조급한 의사결정은 피하는 것이 좋다. 아무리 민주적이고 효율적인 의사결정 방법이라고 하지만 농어촌마을과 같은 특수한 사회에서는 다수결과 같은 기능적인 의사결정 방법에 너무 의지하지 않는 것이 좋다.

7) 기록을 잘 남기자(회의록, 사업일지 등)

모든 일들이 다 그렇지만 기록을 남기는 것이 중요하다. 특히, 여러 사람이 공동으로 참여하는 사업에서는 서로 다른 의견을 조율하는 과정이 자세히 기록되어야 하며, 분쟁의 소지가 있을 때 이전의 결정사항에 대한 근거 자료로서의 기능을 충분히 발휘할 수 있어야 한다. 마을사업에 대한 기록으로는 마을주민들의 회의록을 비롯하여 지도자와 실무진들이 서로 협의하는 내용을 기록하는 사업추진일지 등이 포함된다.

마을공동사업이 아니더라도 마을의 중요한 회의내용은 회의록에 기록이 되지만 대부분 형식적인 경우가 많다. 대외적으로 평가를 받기 위해 참가하지도 않은 주민의 이름을 기록하고 지장이나 대리 사인을 하는 경우도 있다. 심한 경우에는 회의도 하지 않은 내용을 허위로 작성하여 구색을 맞추는 경우도 있다. 농사일에 바쁜 농어촌의 현실과 사업 자체를 확실하게 이해하지 못한 주민들이 많이 있어 변칙적인 기록 작성의 여건은 이해가 된다. 하지만 이와 같은 편의주의적 사업추진 환경이 장기적인 측면에서 보면 마을갈등을 유발시킬 수 있는 배양처가 된다. 즉, 편의주의식 회의록 작성은 정상적인 기록에 대한 마을주민의 신뢰를 스스로 무너뜨려 갈등의 초기 인자인 상호 불신의 빌미가 되는 것이다.

마을사업을 하면서 항상 좋은 의견만 있는 것도 아니다. 일사천리로 모든 주민들이 찬성을 하거나 동의를 하였다고 해서 사업이 성공하는 것도 아니다. 공동사업에서는 서로 다른 의견도 많이 있고, 의견 차이로 인해 분란도 있을 수 있으며, 때에 따라서는 고성이 오가는 다툼이 있을 수도 있다. 이 모든 과정이 기록으로 남겨져야 한다. 처음에는 무시되었던 안건이지만 시간이 지나면서 검토해 볼 가치가 있는 훌륭한 아이디어들도 있다. 회의록이나 사업일지 등 마을사업에 관한 상세한 기록은 마을사업에 관한 중요한 기록일 뿐만 아니라 사업 과정을 검토하고 새로운 방향을 모색할 수 있는 전략적 기초자료로 이용될 수 있다.

중요 의결사항에 대한 증빙자료는 공정하고 정확하게 기록되어야 한다. 회의에 참석해서 의결 사안에 대한 찬반 의견을 서명날인으로 받거나, 회의에는 참석하지는 못하였지만 회의 불참자의 의사를 분명하게 기록하는 증명 과정이 정확하게 기록되어야 한다. 사업추진 과정에서 의견이 분분하게 된다면 의결사항에 대한 근거자료가 필요하게 되며, 사업이 잘못되었을 경우 책임소재를 밝히는 근거자료의 기능을 하게 된다. 어떠한 상황에서라도 마을사업의 추진 과정이 기록으로 남겨져 합법적인 절차에 의해 추진되고 있음이 명확하게 설명되어야 한다. 특히, 새로운 회의를 시작하기 전에 지난 번 회의의 의결사항이나 주요 논의사항을 확인하는 과정을 꼭 거쳐야 한다. 어느 마을에서는 마을회의에서 결정된 내용을 함부로 수정하지 못하도록 데이터베이스화시켜서 보관하는 경우도 있다. 그만큼 마을회의의 결정사안의 가치를 중요하게 생각하는 환경을 조성할 필요가 있다.

8) 선진 마을 사례는 실패담부터 듣자

요즈음 공동사업을 준비하는 마을은 사업 초창기 마을에 비해서 여건이 좋다. 초창기의 지도자들은 사례 지역도 거의 없었고 대내외 교육도 많지 않았다. 많지 않은 교육이지만 그것도 종류가 다양하지 못하고 기초 이론을 반복적으로 수강하는 정도였다. 시간이 흐르면서 공동사업을 하는 마을도 많이 생기고, 성공한 마을과 실패한 마을까지 다양한 사례를 접할 수 있기 때문에 여기저기에서 참고하고 비교할 수 있어 다행이다.

초창기의 교육과 비교에서 사례 중심의 현장교육이 많아지고, 강사진도 현장지도자 중심으로 재편되고 있다. 마을사업을 진행하고 있는 마을 현지에서 실습을 통한 실무적인 교육이 이루어지고 있는 것도 바람직한 현상이다. 선진 지역의 시찰도 병행하고 있다. 그러나 성공 사례 마을을 방문할 때 대부분 한 번에 여러 곳을 묶어서 답사를 하는 경우가 많아 상당 부분 전시적인 답사에 그칠 수 있다.

현장을 방문하는 시간도 넉넉하지 못해 가시적으로 볼 수 있는 시설 중심으로 둘러보는 정도로 끝날 때가 있다. 방문지의 지도자들이 자기 농사일로 바쁜 낮시간에 방문하여 마을회관에서 사례발표식으로 듣다 보면 심도 있는 의견을 교환할 수 있는 시간적인 제약을 받게 된다. 마을에서 준비된 영상물을 보고, 지도자의 소개를 잠시 받고, 그리고 나서 마을 현장을 둘러보며 사진을 찍다 보면 바로 또 다른 마을로 이동을 해야 한다. 그저 가시적인 결과물을 피상적으로 감상하고만 마는 현장교육이 되어 버린다.

사업을 성공하는 것도 연구의 대상이지만 성공하는 과정에서 겪었을 실패담과 고생담이 더 중요한 자료가 된다. 대부분 성공한 마을은 초창기에 심한 갈등도 겪었고, 수많은 시행착오를 겪으면서 좌절도 여러 번 겪었을 것이다. 단번에 우수한 마을로 발전된 마을은 하나도 없다. 그리고 초보 단계의 마을에서 겪고 있는 어려움을 극복하였기 때문에 성공한 마을로 평가를 받는 것이다. 분열된 주민들의 의견을 어떻게 취합해 나갔으며, 프로그램의 개발은 어떤 과정을 거쳤고, 운영하면서 지도자들 사이나 주민들 사이에서 발생한 갈등을 해소시켜 가는 방법 등은 화려한 성공 사례보다도 훨씬 더 의미 있는 자료가 된다.

여러 마을을 관광하듯 돌아다니는 선진 마을 답사는 피해야 한다. 사례지역으로 한 마을을 선정한 후에 지도자들의 농사일이 끝날 시간에 맞추어서 방문하는 것이 좋다. 여유 있는 시간에 잘 익은 농주를 곁들여 가면서 세상 사는 이야기를 풀듯이 마을의 이야기를 들을 수 있기 때문이다. 마을갈등을 겪지 않은 마을은 없고, 갈등 때문에 사업을 중도에 포기하였거나 그만두려고 1~2번 고민하지 않은 지도자는 없다. 바로 그들이 겪었던 실패담을 통해서 앞으로 직면하게 될 마을사업 운영상의 어려운 점 등을 간접체험하는 실질적인 현장답사가 되어야 한다.

9) 비참여자에게도 지속적인 관심을 갖자

마을사업은 마을의 공동사업이지만 마을의 모든 주민이 참여하는 것은 아니고 참여자와 비참여자로 구분된다. 참여하는 농민들 사이에서도 문제가 생기지만 비참여자의 경우에는 마을공동사업에 대한 이견이 더 많다. 비참여자는 참여하는 사람에 비해 불만이 많다. 마을사업에 대한 불만을 분명하게 표시하지도 않지만 문제해결을 위한 대안을 제시하지도 않고 모든 일을 부정적으로만 바라보고 있다.

억한 감정을 가진 사람은 갖가지 방법을 동원해서 "어디 너희들이 하는 사업 잘 되나 보자"라는 식으로 사사건건 사업을 방해하려 한다. 그런데 사업의 성과가 나타나기 시작하면 자신은 노력도 하지 않았으면서 그 결과물을 같이 나누어 가지려고 하는 경향이 있다. 일종의 성공한 사업에 무임승차를 하려는 이기적인 사람들이다. 처음에는 참여자들끼리만 단결된 사업에서 비참여자들의 불만에 의해 갈등이 유발되지만, 나중에는 참여자들에게까지 영향을 미쳐서 마을 전체가 갈등의 소용돌이 속으로 빠지게 된다.

비참여자에게도 지속적으로 마을사업 추진 과정이나 계획내용, 그리고 운영방법 등의 내용을 전달하면서 부정적인 인식을 바꾸도록 노력을 기울여야 한다. 마을사업은 1~2년 하고 끝나는 일이 아니라 지금까지 마을이 존재해 온 시간만큼 계속에서 지속되어야 할 새로운 일이다. 지금까지는 농사를 지으면서 살아온 농촌마을이었지만 앞으로 해야 할 새로운 사업이 바로 농사일과 함께 농민들이 운영해야 할 새로운 분야라고 생각해야 한다. 그런 과정에서 참여자가 사업에서 탈퇴할 수도 있고, 비참여자가 처음 참여하였던 주민보다 더 열심히 마을사업에 참여할 수도 있다. 특히, 사업에 반대하는 사람들을 마을행사에 꼭 초대를 하고, 마을에서 생산되는 생산물을 공동으로 판매할 때에도 비참여자의 생산물도 함께 판매해 주는 너그러움이 있어야 한다. 물론 참여자의 생산물을 먼저 판매하고 그 다음에 비참여자의 생산물을 판매하는 정도의 우선순위는 모두가 인정해야 할 것이다.

오해는 끝이 없다. 아무리 설명을 잘 하고, 모두에게 공평하고 투명하게 마을사업을 운영한다고 해도 오해의 이유는 한없이 만들어진다. 마을공동사업을 하면서 직면하는 어려운 일은 끝이 없이 발생한다는 뜻이다. 비참여자들도 겉으로는 마을사업에 반대하는 듯하지만 속으로는 자기도 참여하고 싶은 생각을 가지고 있거나, 초창기에 반대하였던 것을 후회하는 사람도 있다. 현장에서 보면 초창기에 강력한 반대자가 후에 마을사업을 이해하고 새로운 지도자로 거듭 태어난 사람도 볼 수 있다.

3. 사업운영 · 관리계획을 수립하자

1) 자신의 농장이름을 가져 보자

우리나라의 농부들 중 자신의 농장이름을 가지고 농사를 짓는 사람이 얼마나 될까? 수많은 농부들이 그저 농사를 짓는 사람으로 남아 있다. 그 동안 농부들은 국가의 식량생산을 총량적으로 증가시키는 역할을 하고 있었다. 자신의 농장을 가지고 있는 사람들은 상당한 규모의 농토를 가지고 전문적인 영농을 하는 경우로 인식되어 왔으며, 지역에서 경제적인 능력도 상당한 것으로 평가되는 경향이 있다. 최근에는 규모에 관계 없이 자신의 이름을 걸고 농산물의 질적 수준을 인정받는 농업인이 증가하고 있지만, 여전히 이름 없는 농부로서 자신의 직분에 충실한 농민들이 대부분이다.

전국적으로 자신의 농장이름을 갖는 운동을 제안하고 싶다. 농사의 규모가 크거나 작거나 구분하지 않고, 일반농사를 짓는 농부라도 자신만의 농장이름을 갖는 어엿한 농장 사장의 역할로 자리매김을 할 필요가 있다. 절기에 따라 반복적으로 농사를 짓기보다는 공인된 자격증은 없지만 스스로라도 농사를 짓는 전문가라는 자부심을 갖는 것이 농촌체험사업을 준비하는 데 도움이 될 것이다. 자기의 이름, 아호 또는 별명 등으로 농장이름을 짓고, 나무판에 자신이 쓴 간판을 내걸어 보는 것도 좋은 시도라고 생각한다.

농촌체험사업을 하고 싶은 농어업인의 경우 소규모이고 초보적인 단계일지라도 먼저 자기 농장의 이름을 짓고 새로운 사업체로서의 면모를 갖추기를 권하고 싶다. 본격적으로 사업을 시작할 때에는 법적으로 사업자등록을 하고 세금도 납부해야 하지만, 이전 단계에서라도 자신만의 사업체를 운영해 본다는 훈련이 필요하다. 공동사업을 하기 전 개개인이 개인적인 사업 훈련 과정이라고 생각한다면 공동사업을 이해하지 못해서 직면하게 되는 갈등을 이해할 수 있는 계기가 될 것이다.

농어민들은 대부분 농지나 바다를 대상으로 묵묵히 혼자 일을 하는 습관이 몸과 생각에 배어 있다. 전통적으로 오랜 역사 동안 대대로 물려받은 삶의 방식을 따라 왔기 때문에 여러 사람과 함께 공동으로 사업을 하는 것에 익숙하지 못하다. 물론 농사일을 서로 돕는 두레정신이 있지만 이것은 일종의 품앗이로 일을 서로 돕는 봉사정신에 불과하다. 자신의 농경지에서 자신의 노력으로 농사를 짓고 그 결과에 대해 만족하는 자기 중심적인 산업활동을 영유해 왔다. 그러므로 남의 농사에 간섭하는 것이나 남이 자신의 일에 관여하는 것을 피하고 각자가 열심히 사는 것이 농부의 덕목으로 자리잡았다. 이런 생산활동방식과 생활환경의 특성상 서로 어울려서 하는 새로운 유형의 마을공동사업을 운영하기란 쉽지 않다.

기업에는 후계자 경영수업 과정이 있고, 일반인이 개인사업을 시작하는 경우에 자기가 개업을 하고자 하는 업종에서 허드렛일부터 도우면서 사업을 배우게 된다. 직장인이 창업을 하고자 할 때도 직장생활 중에서 습득하게 된 전문적인 기술이나 경영노하우가 큰 힘이 된다. 전문경영후계자 수업이나 남의 밑에서 고생하면서 사업을 배우고, 직장생활을 하면서 회사경영의 기술을 습득하는 것은 모두 새로운 사업에서 실패하지 않기 위한 훈련 과정이다. 성공하는 기업은 뭐가 달라도 다르다는 말과 같이 농촌체험마을을 새로운 사업으로 시작하기 위해서 그만큼의 새로운 각오와 준비, 즉 훈련 과정이 필요하다. 작은 규모로 해 본 개인별 체험사업이 공동사업 운영에 큰 도움이 된다.

2) 운영관리에 관한 내규를 마련하자

마을사업은 주민들이 공동으로 참여하는 사업이므로 사업이 원활하게 추진되기 위하여 참여자가 서로 지켜야 할 약속이나 규칙을 미리 정해 두어야 한다. 규약의 명칭은 마을의 상황에 따라 달리 할 수는 있지만 일반적으로 마을규약이라고 한다. 마을규약은 사업을 준비하는 과정에서 미리 만들어져야 한다. 사업의 성패를 잘 모르는 상황이지만 잘 되었을 때나 혹시 잘못되었을 경우를 예측하고, 사업 참여자의 마음가짐을 미리 확고히 하는 과정이라고 보아야 한다.

마을사업은 특정인을 위한 사업이 아니므로 마을규약의 내용은 사업에 참여하는 사람들에게 공평하고 공정하게 적용되어야 하며, 사업에 참여하는 사람들의 동의가 있었을 때 비로소 마을규약의 효력이 발생한다. 마을규약에는 일반적이고 개념적인 내용만 담고 있는 것이 아니라 실질적으로 마을사업을 운영하는 데 직 · 간접적으로 필요한 구체적인 내용을 상세하게 규정하고 있어야 한다.

운영계획서는 수익이 발생하였을 때 필요하다고 생각하는 주민들이 많은데, 마을사업을 시작하는 초기에 마을규약으로 만들어야 한다. 운영수익이 없는데도 지도자나 특정인이 사업 후 이익의 분배방식 등을 거론하면 특별한 사심을 가지고 있지 않나 의심을 받게 된다. 특히, 마을주민들은 "지금 있는 마을의 규약으로도 얼마든지 사업을 할 수 있을 것이며, 더 필요하다면 사업을 추진하면서 점진적으로 만들어 나가면 될 것이다"라고 반대를 하는 사람이 있다.

"지금까지 복잡한 내규가 없어도 마을일을 하는 데 별 문제가 없었는데 무슨 그런 상세한 규약이 필요하느냐?"며 직설적으로 문제를 제기하는 주민도 있다. 그러나 사업을 위한 규약을 미리 마련하지 못하고 급하게 사업을 추진한 마을이나, 규약을 만들었다고 해도 형식적인 규약을 가지고 있는 마을에서는 시간이 지나면서 대부분 심각한 갈등에 직면하고 있다. 기본적인 골격을 잘 갖추지 못한 마을내규를 사업이 잘 된 경우에 수정하려고 하면 더 큰 문제에 봉착한다. 내용수정의 방향에 따라 손해를 보거나 이익을 보는 사람이 발생하게 되므로 서로의 의견을 조율하는 것이 더 힘들게 된다.

마을규약은 회사의 정관과 같은 기능을 가지고 있기 때문에 기업의 정관이 갖추어야 할 내용이 포함되어야 한다. 사업의 비전과 목적을 분명히 하고, 사업내용과 추진방법 등을 자세하게 정리해야 한다. 의사결정 과정이나 절차, 조직, 그리고 책임자의 업무 한계 등이 포함되는데, 특히 마을에서 소홀히 하기 쉬운 수익의 분배에 관한 내용을 명쾌하게 해야 한다. 책임자에 대한 적절한 대우와 책임도 구체적으로 명시해야 한다. 마을사업에 참여하는 주민들의 관심이나 기술에 따라 사업에서의 역할과 책임, 그리고 이익의 분배방식이 구체적으로 마련되어야 한다.

마을사업을 하는 경우 마을의 여건에 적합한 내규를 가지고 있어야 한다. 최근 들어 지원사업 초기에는 소홀히 하였던 회계와 결산, 책임소재와 의무, 그리고 이익의 분배율까지 상세하게 명시한 규약이 등장하고 있다. 초창기의 시행착오를 줄이고자 하는 노력으로 바람직한 현상이라 평가된다.

마을규약을 만들었다고 해도 엄격하고 정확하게 집행되지 않으면 소용이 없다. 참여하는 주민에게 엄격하게 적용되어야 한다. 그리고 이렇게 준수되는 주민 간의 약속이야말로 마을사업의 투명성을 유지하고 주민 간의 갈등을 예방하는 중요한 수단이 될 수 있다. 새로운 규약을 만들 때 기존의 마을회칙이나 재산관리위원회 등의 내규를 다시 검토하면서 새로운 내용을 보완 발전시키는 것이 바람직하다. 필요하면 법무사나 회계사 등 전문가의 자문을 받는 것이 좋다.

3) 결산을 잘 하자

가장 큰 갈등은 자금관리 과정에서 발생한다. 지원받은 자금은 잘 사용되어야 하지만 사업으로 발생한 이익금의 배분도 중요하다. 마을에서의 갈등은 예기치 못하였던 거금을 정부로부터 지원받게 되면서 시작된다. 상환이 필요 없는 무상지원금이니 사업에 실패를 해도 개인적으로는 경제적인 피해가 없다. 그래서 누구든지 사업에 관여하고 싶은 욕심이 들 수밖에 없다. 그러나 마을사업의 책임자는 사업을 추진하는 과정에서 자신의 실수나 잘못으로 문제가 발생하였을 때 사업에 대한 민사 · 형사상의 책임을 피할 수 없다.

마을사업비 집행계획서에는 운영자금을 편성할 수 없다. 순수사업비만 포함되어 있기에 책임자는 운영상 경비를 상당 부분 개인의 사비로 지출하거나, 비공식적으로 비자금을 마련해야 하는 경우가 있다. 지도자가 자비로 지출해서 많은 부채를 안고 고민하는 사람도 있고, 그래서 마을의 일이 지도자의 집안갈등으로 발전되어 부부 사이의 불화로 심각한 결과를 초래한 곳도 있다. 마을에서 사업비로 사용할 수 있는 기금이 넉넉한 경우에는 지도자의 개인적인 부담을 줄일 수 있겠지만, 이 경우에도 마을기금을 운영비로 사용할 수 있도록 동의를 받는 것도 쉬운 일이 아니다.

운영비를 비자금으로 조성해야 할 경우 지도자의 위험부담은 더 커진다. 앞에서 언급하였듯이 지원금을 적절하게 사용하지 못해 발생한 문제에 대해서 지도자의 책임이 크다. 영수증 처리를 비롯하여 합법적인 회계처리가 이루어져야 하고, 모든 자료는 증빙서류로 철저하게 챙겨 두어야 한다. 운영비자금의 경우 지도자가 개인 목적으로 조성한 것도 아니고, 마을회의에서 합법적인 절차를 거쳤다고 하더라도 최종적인 책임은 사업의 책임자인 지도자가 진다는 것을 명심해야 한다. 잘못된 경우 민원이 발생하여 행정감사를 받아야 하고, 고소 · 고발로 이어질 경우에는 경찰이나 검찰의 소환을 피할 수 없다. 심한 경우에는 구치소 생활까지 감수해야 한다. 비공식적인 수입지출의 상황이라면 자체 정산양식을 만들거나 영수증을 만들어서 자금의 지출 현황을 확실하게 정리해 두어야 한다.

마을에서 공공의 목적으로 해야 할 일들은 주민들이 묵시적으로 인정하는 경우가 있다. 주민 간의 갈등이 심각하지 않을 때에는 서로 양해할 수 있는 문제라 할지라도 감정이 격화된 상태에서 갈등이 유발되면 마을 내부에서 자체적으로 해결할 수 있는 수준을 넘어 법적인 문제로 비화된다. 공적 자금을 사용하는 사업인 경우에는 자금관리에 특히 주의해야 한다. 마을공사의 사업자 선정 과정과 사업 관련 기자재의 구매 과정에서 발생할 수 있는 부조리에 대해서도 각별히 조심해야 한다.

한 마을에서 공동사업을 추진하는 동안 마을회관을 짓는 일과 준공된 회관 앞 정원공사를 하는 과정에서 사업의 책임자인 이장이 산림법 위반 혐의로 벌금형을 받은 사례도 있다. 마을회의에서 결정된 사안으로 마을회관을 짓는 데 필요한 목재를 마을 뒷산에서 벌채해서 사용하였고, 정원 조성에 필요한 소나무 몇 그루를 야산에서 굴취해서 사용하였다는 혐의였다. 마을주민에 의해서 발의되었고 마을회의에서 결정된 안인데, 결국 사업의 책임자가 형사상 책임을 졌었다. 마을주민이 아니고는 아무도 알 수 없었던 일인데, 주민들 사이에서 발생된 갈등으로 인한 민원으로 이장을 행정기관에 고발한 결과였다. 이장은 마을주민의 의견에 따라 사업비를 절감하기 위해서 한 결정이었는데 본의 아니게 범법자의 누명을 쓰게 된 것이다.

사업운영과 관리에 대해 마을주민들이 의심하기 시작하면 공동사업은 성공할 수 없다. 현 구도에서 이장이나 사무장 등의 마을지도자는 돈과 관련된 것에 손을 대는 것은 좋지 않다. 사업을 맡고 있는 팀별로 총무가 돈을 관리하는 것이 바람직하며, 사업팀별로 자체적인 예산과 결산 업무를 수행하도록 하는 것이 좋다. 특히, 마을공동시설을 사용하는 비용은 사용자가 철저하게 계산하는 것이 참여자와 비참여자 간의 갈등을 줄이는 데 도움이 된다.

기존의 마을사업에서 처리해 왔던 간단한 회계방법으로는 현재와 같은 크고 복잡한 사업의 자금관리를 철저히 하기 곤란하다. 지도자의 전문교육과정에는 재무나 회계관리 관련 부분이 포함되어 있기도 하지만 별로 큰 도움이 되지 않는다. 이론적이고 일반적인 기초지식의 한계를 벗어날 수 없으며, 짧은 시간에 실무적인 기술까지 전수시키기에는 현 교육환경이 미흡하기 짝이 없다. 주변의 법무사나 회계사 사무실의 자문을 받고, 필요하면 마을회계 관련 업무를 전담해 줄 것을 의뢰 · 계약을 할 필요가 있다. 별로 크지 않은 비용으로 안전하고 편리하게 복잡한 회계문제를 해결할 수 있다. 시청이나 군청 주변의 회계사 사무실이나 법무사 사무실에서 전문가의 도움을 받도록 하자.

4) 마을 여건에 적합한 운영 모델을 개발하자

농촌체험사업을 성공시킬 수 있는 운영방법은 여러 가지가 있다. 그러나 마을사업을 성공시키기 위해서는 각자의 마을 여건에 적합한 운영 모델을 마련해야 한다. 일반사업의 경우에도 동일한 업종이지만 주인의 성격이나 여건에 따라 운영하는 방식이 서로 다른 것은, 사업을 성공시키기 위해 시행착오를 거쳐서 독자적인 운영방식을 개발하였기 때문이다. 전문가가 제시하는 아무리 좋은 경영방식이라도 사업주가 수용하거나 소화시킬 수 없는 수준이라면 무용지물이 된다.

마을공동사업의 운영목표는 수익사업이라는 것을 아무리 많이 강조해도 과하지 않다. 농어촌이 도시와 같이 자조적인 생활환경으로 발전하기 위해서는 농어촌에서도 충분한 소득을 올릴 수 있다는 확신이 서야 한다. 그러므로 마을공동사업의 운영방식도 주민들의 지속적인 수익을 보장할 수 있는 사업운영체제를 구축해야 한다.

마을의 이장이 사업의 지도자 역할을 하는 행정 중심의 운영체제보다는 농어촌체험사업이나 유관사업을 직접 경영한 전문가나 체험사업에 관심이 많은 사람이 책임자가 되는 것이 바람직하다. 마을공동사업을 시작하기 전에 이미 개별적으로 체험사업을 운영하고 있는 사람이나 준비하는 사람이 자신의 사업을 운영하면서 마을공동사업도 동시에 추진하는 것이 더 유리하다는 판단이다.

마을공동사업과 개별사업을 구분하여 주민들이 적극적으로 자신의 사업을 운영하는 구도를 도입할 경우 개별사업자를 마을사업의 각 분야를 책임지게 하는 제도, 즉 일명 '소사장제도'를 도입하는 것도 바람직하다. 이때 소사장들이 모여서 마을사업협회를 구성할 수 있다. 지도부는 마을을 홍보하여 많은 체험객을 유치하는 홍보역할이나 마을방문객들의 편익을 위한 공동시설을 조성 · 관리하고, 마을의 종합적인 체험 프로그램을 개발하고 운영하는 역할을 하게 된다. 주민들이 마을공동규약에 의거해 자신의 개별 사업을 추진하게 되면 사업의 책임과 소득의 분배에 따른 마을의 갈등을 완화시킬 수 있을 것이다. 마을에서 공동으로 필요한 부분의 일을 하면서 동시에자기 사업을 열심히 해야 하기 때문에 남의 사업에 대해 과도한 간섭을 피할 수 있다.

마을주민들 모두는 체험사업이라는 같은 업종에 종사하는 사람들이므로 자신들의 사업을 발전시키고, 외부로부터 보호를 받기 위한 협회나 협의회를 구성하는 것은 당연하다. 협회나 협의회에서는 주민들의 개별사업끼리 과도한 경쟁을 조율하고 조정한다. 서비스의 수준을 향상시키며, 체험객들의 불만을 해소하고, 체험객의 만족도를 향상시키기 위한 의견을 조율하고 관리하는 기능을 유지하게 된다. 한 마을의 지도부는 여러 개의 체험사업체가 모여서 만들어진 협회나 협의회와 같은 역할을 하게 된다. 사업의 대표도 자신의 체험 관련 사업을 운영하면서 협회(마을)의 이익을 대변하는 협회장 역할을 담당하게 된다.

같은 마을의 주민들끼리 규약을 만들고 의견을 교환 · 조정하면서 개인의 사업영역이나 능력을 향상시키는 것이 마을공동사업을 발전시키는 지름길이다. 의견을 조율하는 과정에서 서로의 경영 수준을 평가하는 방법은 체험객들을 대상으로 수집된 설문조사의 결과에 의거하는 것이 바람직하다. 서비스 수준의 평가는 체험객들의 만족도 조사의 결과에 따라 엄격하게 평가를 받고, 미흡하였던 부분은 즉시적으로 보완을 지시하거나 통고하는 방안들이 마련되어야 한다.

4. 교육을 통해 사업능력을 키우자

1) 공동사업 운영능력을 배양하자

성공한 유명 기업인이 모두 경영 관련 교육을 많이 받은 사람이거나 경영 관련 전문지식이 많은 전문가는 아니다. 혹자는 초등학교 교육도 못 받았으나 세계적인 대기업을 창업하여 지금까지 대를 잇게 한 기업가가 있다. 어떤 사람은 최고의 대학을 다니다 중퇴를 하고 창업을 하여 세계 굴지의 회사로 성장시킨 사람도 있다. 그 반면에 최고의 학부에서 전문적인 분야의 박사학위를 갖고 있는 사람이나 대기업에서 자신의 능력을 인정받았던 전문경영인이라도 자신의 회사를 창업해서 성공시키지 못한 사람들도 많이 있다.

성공한 기업가는 기업경영의 소양이라는 바탕을 가지고 끊임없는 자기 발전을 위한 훈련 과정을 통해서 만들어지는 것이다. 회사를 잘 경영하기 위해 경영학 박사학위가 필요한 것이 아니며, 성공적인 기업인이 되기 위해 전문적인 지식이 꼭 필요한 것은 아닌 것 같다. 유명한 경영학 관련 책자를 많이 읽으면 성공하고, 그렇지 않으면 성공하지 못한다는 논리도 신빙성이 약하다. 단지 성공한 기업인이 전문경영에 대한 지식이 탁월하고 전문분야의 기술력도 뛰어나면 금상첨화일 것이다. 일반적으로 성공한 기업인이 갖추어야 할 공통적인 소양은 현명함이 아닐까 생각한다. 개인의 소양이 경쟁력 있는 기업인으로 발전되기 위해서는 부단한 자기 개발의 과정을 밟지 않으면 안 된다.

지도자나 주민 모두에게 마을사업 능력을 향상시킬 수 있는 최선의 방법은 교육과 훈련이다. 초창기 마을사업 지원시기에 비해 교육의 기회도 많아지고, 교육 단계나 내용도 다양해졌다. 지도자나 공무원, 그리고 관심이 있는 사람을 중심으로 하는 중앙집체교육도 있고, 마을주민을 위한 동기화 과정이나 역량 강화를 위한 현장교육도 있다. 지도자를 위해 교육의 기회도 많고, 종류도 다양하다. 그러므로 부지런하고 의욕이 높은 사람은 이미 많은 지식과 높은 기술을 지니고 있다. 마을사업 과정에서 겪게 될지도 모르는 갈등에 관한 사례도 많이 들어 왔기에 일반주민에 비해 월등한 능력을 소지하고 있다.

그러나 주민의 경우는 다르다. 마을공동사업에 대한 관심도 적고 의욕도 없는 주민이나, 사업에 대해 부정적인 시각을 가지고 있는 사람들은 교육에 자발적으로 참여하는 경우가 거의 없다. 마을회관에서 실시하는 주민교육에도 여러 가지 이유를 내세워 불참하는 경우가 많다. 마을 밖에서 실시하는 교육에서는 다른 마을의 지도자와의 교류를 통해 폭넓은 지식이나 새로운 경향을 배울 수 있다. 그리고 마을교육에서는 주민들의 서로 다른 의견을 통합할 수 있고, 마을만의 특별한 문제를 해소시키는 계기가 될 수 있다. 그런데 교육 참여자가 많지 않다면 교육 본래의 목적을 달성할 수 없게 된다. 참 안타까운 일이다.

장기적으로 마을사업을 성공시키려면 마을주민이나 지도자는 교육과 훈련 과정을 통해 자신의 능력을 꾸준히 개발해야 한다. 주민들의 능력을 향상시키는 데 교육과 훈련보다 더 효율적인 방법이 없기 때문이다. 단, 주의해야 할 점은 교육과 훈련의 내용이나 수준, 그리고 방법 등이 주민의 여건과 수준에 적합하게 개발되어야 할 것이다.

2) 교육을 통해 감정관리 능력을 배양하자

마을지도자들이 갖추어야 할 덕목 중 가장 중요한 것은 갈등에 직면하였을 때 자신의 감정을 관리하는 능력이다. 사업상의 갈등은 금전적인 문제에 의해 발생하는 경우가 많지만 서로의 의견을 설명하고 설득하는 과정에서 격해지는 감정을 관리하지 못해 갈등의 골이 더 깊어지는 경우가 많다. 마을회의와 같이 집단과의 협의 과정이나 주민 개개인과의 의견교환 과정에서 자신의 감정이 격해지지 않도록 관리해야 한다. 이는 개인의 성격이 지배적이기는 하지만 교육과 훈련을 통해서 자제하거나 절제하는 능력을 키울 수 있다.

개인사업을 준비하는 사람에게 "젊었을 때 직장생활을 하다가 경험을 쌓은 후 시작하는 것이 좋다"라고 조언을 한다. 이것은 사업을 하면서 직면하게 될 감정처리문제를 직장 상사와 후배 사이의 업무 조율 과정에서 자신의 감정관리 훈련을 할 수 있기 때문일 것이다. 마을사업에서 지도자들이 특별한 교육과 훈련을 받을 수 있다면 보다 현명하고 이성적인 판단으로 자신의 감정을 관리하는 데 도움이 될 것이다.

지도자들을 대상으로 한 조사의 결과에 의하면 교육의 횟수가 증가할수록 조직에 대한 헌신과 감정조절 등 자신의 관리능력이 증가하는 경향을 보이고 있다. 그리고 오랜 시간 동안 특정 주제를 중심으로 집중적인 교육을 하는 것이 더 효과적인 것으로 나타났다. 특히, 교육과 협의 과정을 통해 공동의 목표를 이끌어 내고 사업의 비전을 공유하는 경우 서로를 이해하는 폭이 넓어지는 경향이 있다. 이것은 사업의 큰 목표를 보여 주면서 주민들의 사업에 대한 이해심과 동경심을 키워 주기 때문이다. 이런 과정을 통해 상호 필요한 부분을 진지하게 생각하는 기회를 갖게 된다. 결국 자신과 다른 의견을 주장하는 주민들을 이해하고, 서로 다른 의견에 대한 자기 감정을 관리하는 능력이 향상되는 것이다.

교육은 학교교육만을 의미하는 것은 아니다. 훌륭한 기업인이 되기 위해서는 경영학을 전문으로 해야 하는 것이 전제가 될 수 없는 것이며, 이 분야의 지식이 많은 컨설팅 전문가가 의뢰를 받은 사업을 더 잘 운영할 수 있는 것도 아니다. 농어민의 경우 농업과 어업을 천직을 생각하고 현장에서 생업에 종사를 해 왔지만 그들이 생활을 통해 얻은 현명한 상식이 바로 사업능력의 밑거름이 된다. 그리고 그 소양을 바탕으로 다양한 사회교육을 받게 된다면 마을사업을 훌륭하게 운영할 수 있는 지도자로 성장할 수 있다.

3) 체험마을의 성공은 재무적 자본만으로 될 수 없다

농촌 현장에서 직면하고 있는 농민들의 가장 큰 고충은 필요한 자금의 부족이라고 이야기한다. 마을사업 조건을 다 갖추고 있는데 사업비가 없거나 충분하지 못해서 주저하고 있다는 이야기가 많다. 한편에서는 정부의 지원금을 받게 되면 사업을 잘 할 수 있다고 자신감을 내비치는 경우도 많다. 특히, 자금이 많을수록 사업을 더 잘 할 수 있으므로 마을지도자의 역량은 정부로부터 많은 지원금을 지원받는 것으로 평가되는 경우도 있다.

공동사업을 성공적으로 수행하고 있는 마을의 경우 정부의 지원금을 받지 않은 곳도 있으며, 그 동안 수많은 지원금을 받았지만 처음부터 가지고 있었던 자본금까지 다 소진하면서 사업을 완전히 실패하였던 사람도 있다. 정부의 지원금이 많으면 손쉽게 성공할 수 있을 것이라는 기대를 하고 있지만 현실은 그렇지 않은 것으로 나타났고, 반대로 더 심한 갈등을 겪고 있다.

최근에 연구된 농촌체험관광의 성공요소를 검증하는 결과에 의하면 재무적 자본인 자금이 사업의 승패를 좌우하는 중요한 인자가 아닌 것으로 밝혀졌다. 농촌체험관광을 커뮤니티 비즈니스로 규정하고 마을사업 관련자들과의 인터뷰에서 나타난 농촌체험관광의 성공요소는, 첫째 마을주민의 적극적인 참여, 둘째 차별화된 체험 프로그램, 셋째 컴퓨터 활용능력, 넷째 주민들의 평생학습, 그리고 마지막으로 외부와의 네트워크 활용으로 나타났다. 결국 지도자나 국민들이 자신의 경영능력을 향상시킬 수 있도록 얼마나 노력하느냐가 중요하며, 그 노력은 교육과 훈련의 형태로 나타난다.

5. 지도자의 신분을 보장하자

1) 체험사업을 운영하는 사람 중심의 책임자(지도자)를 선출하자

체험사업을 시작하려는 마을의 지도자는 체험사업을 운영하고 있는 사람이나 체험사업을 본격적으로 시작하려고 준비하는 사람이 맡아야 한다. 농어촌체험사업을 성공적으로 추진하기 위해서 배워야 할 기술도 많고, 새로운 아이디어를 만들어 내는 데 많은 시간과 노력이 투자되어야 한다. 실질적으로 사업 책임자는 도시체험객들이 마을을 방문하기 시작하면 다른 일을 병행할 수 없을 정도로 바빠진다. 체험객을 맞이해야 할 마을주민들도 교육시켜야 하며, 각자의 역할을 수행할 수 있도록 위치를 배치하는 것 등 지도자가 신경써야 할 일들은 한두 가지가 아니다. 식단과 주방관리도 챙겨야 하고, 주차 등 안전관리나 체험객들의 안내요원까지 지시하고 챙겨야 할 일들이 넘쳐 난다.

지금과 같이 행정처리를 하는 이장 정도의 역할로 새로운 사업을 성공시킬 수 없다. 자신의 농사가 많아 마을공동사업에 할애할 시간과 노력이 충분하지 못한다든지 농업소득만을 위한 순수한 영농을 추구하는 사람의 경우 체험사업과 자신의 농사일을 병행하기 불가능하다. 수많은 대외교육도 참석해야 하고, 지도자들을 위한 모임도 많다. 그런데 자신이 체험사업을 하는 사람의 경우 마을주민을 대표해서 체험 관련 교육에 참여하는 것이 바로 자신의 사업과 관련된 일이다. 마을을 대표해서 참석해야 할 모임 자체도 자신의 관심사이기 때문에 자신의 경비를 들여서라도 참석하는 열의를 가질 수 있다.

마을공동사업 체험 프로그램을 짜고 발전시키는 작업도 자신의 농장에서 당연히 해야 할 일이다. 홈페이지에 정보를 올리고, 잠재고객의 질문에 답변을 하고, 새로운 사업구상도 바로 자신의 사업과 직결되는 일이다. 아무리 마을을 위한 봉사정신이 투철하고 마을주민을 위해 열심히 노력하려는 자세가 되어 있다 하더라도, 지도자의 여건이 마을사업에 전력투구할 수 없는 상황이라면 농어촌체험사업을 추진하는 마을지도자로서 적절하지 않다.

농어촌체험사업의 본질을 확실하게 이해하지 못한 마을에서는 사업을 위해 별도의 책임자를 선택하는 것 자체가 다른 사람에게 부담을 주는 일이라고 생각하고 이장이 관례적으로 사업 책임자를 맡게 된다. 누군가가 부담해야 할 짐을 이장이 안고 가는 것이 주민들의 부담을 가볍게 할 수 있는 합리적인 방법이라고 생각할 수도 있는데, 내용적으로 보면 사업 시작부터 잘못된 판단을 하고 있는 것이다. 사업의 책임자가 스스로 나온다면 별 문제가 없겠지만, 그렇지 않고 모든 주민들이 책임지기를 꺼린다면 조급하게 사업을 추진하기보다는 준비를 더 철저하게 하는 것이 좋다. 시간이 지나면서 사업의 성격과 미래의 비전을 확고하게 정립하고, 동시에 이 분야의 사업을 수용할 의사가 있는 사람이 나타난다면 그 사람이 사업의 책임을 맡아 마을사업을 함께 추진하는 것이 바람직하다.

2) 지도자의 강력한 리더십이 필요하다

사업에서 성공한 지도자가 되기 위해서는 강력한 리더십을 필요로 한다. 일반기업에서도 성공한 사람들은 일반인들과 무엇인가 차별화된 특성이 있는데, 그 중에서 가장 돋보이는 부분이 바로 독보적인 카리스마다. 현대와 같이 복잡한 경영환경에서는 유연하고 합리적이며 부드러운 지도자상이 거론된다. 그래도 회사를 책임지고 이끌어 나가려면 강력한 지도체제가 필요하다. 그래서 주식회사에서는 대표이사의 권한과 능력이 중요하게 다루어지며, 대주주의 영향력이 지배적인 것도 바로 강력한 리더십으로 회사 지배구조를 장악하기 위함이다.

우리나라 농어촌의 경우 주민들 모두 스스로 잘났다고 생각하고 있어 마을의 이장이나 사업 책임자 또는 사무장의 능력과 역할에 대해 인정하려고 하지 않는 경향이 있다. 그렇기 때문에 지도자를 존경하지도 않고, 그 결과 지도자는 자신이 아무리 원해도 강력한 리더십을 갖출 수 없다. 사업을 처음 시작하는 과정에서는 아무래도 지도자가 일반주민에 비해 많은 것을 알고 있기 때문에 지도자의 의견에 따라가지만, 2~3년 정도가 지나면 점점 지도자의 능력에 대한 가치를 평가절하하는 경향이 나타난다. 우리나라 각 지역에 농촌체험 관련 스타 마을들이 많았는데 대부분의 마을에서 지도자가 바뀌었다. 그렇지 않으면 혹시 마을갈등의 나쁜 소문으로 퍼질지 몰라 불평불만도 표현하지 못하고 묵묵히 기본적인 업무만 수행하고 있는 경우도 있다. 말 못할 고민과 서운한 생각을 마음 속에 묻고 사는 지도자들도 많이 있다.

이장이 마을사업을 강력하게 이끌었던 마을의 경우 후임 이장에게 사업운영 책임을 맡기게 되면 후임 책임자의 리더십이 급격히 약해져 마을사업이 주춤거리게 된다. 사업은 끊임없이 성장을 해야 하며, 오랫동안 지속해야 의미가 있다. 마을사업이 성공하려면 단기간의 평가가 아니라 앞으로 얼마나 오랫동안 지속할 수 있느냐에 초점을 맞추어야 한다. 마을사업이 일관성 있게 추진되기 위해서는 사업 책임자의 강력한 리더십이 보장되어야 한다.

3) 사업의 지속성을 유지하기 위해 지도자 신분을 보장하자

일반기업의 성공 여부는 단기간의 결과에서 얻어지는 것이 아니라 지속적인 평가를 통해 진정한 성공 여부가 평가된다. 크든지 작든지 간에 사업등록을 하고 처음 3년 동안 생존할 수 있는 비율과 5년 동안 유지되는 비율로 평가하는 것도 그만큼 사업이 살아 남기가 쉽지 않기 때문이다. 지속적인 성장을 유지할 수 없으면 성공한 사업이라고 할 수 없다는 뜻이다.

"준비는 잘 하였는데 결과가 좋지 않다," "열심히 했고 계획내용도 좋은데 추진하는 과정에서 조금 문제가 있었다," "한동안 잘 되었는데……," "조금만 잘 하였더라면 성공하였을 것이다" 등 잘 나가다가 도중에 문을 닫게 된 회사는 많다. 잘 나가던 대기업도 한 순간에 망한 경우를 우리는 많이 보아 왔다. 여러 가지 문제가 있고, 속사정이 시원하게 밝혀지지 않는 경우도 많이 있다. 그러나 중요한 것은 어떤 종류의 사업이라도 지속적으로 살아 남지 않고서는 의미가 없다는 것이다.

회사가 성공하는 이면에는 회사 책임자의 역할이 매우 크다. 보통 기업은 모든 구성원이 주인의식을 가지고 자기 회사에 애정을 가져야 한다고 이야기한다. 일종의 주인의식이 강해야 한다는 뜻이다. 또 회사의 생존 여부는 모든 구성원의 노력의 결과이고, 동시에 회사를 성공시키는 것은 모든 구성원의 책임이라고 이야기한다. 그러나 이와 같은 평가의 중심에는 회사를 책임지고 모든 업무를 기획하는 책임자의 몫이 가장 크게 자리하고 있다. 그래서 성공한 회사에는 훌륭한 사장이 있고, 회사에서는 그 사장의 능력과 노력의 대가를 충분히 지불한다. 결국 사장의 능력이 쇠퇴하지 않을 때까지 지속적으로 회사경영의 책임을 맡기게 된다.

대기업 임원과 직원의 연봉 차이가 평균 14배 정도인 것으로 언론에 보도되었다. 우리나라 100대 기업의 평균값이니 극상과 극하의 차이는 상상을 초월할 것이다. 국내의 대표적인 기업의 경우 사내 임원 1명에게 평균 59억 9,000만 원이라는 파격적인 연봉이 지급되었고, 같은 회사의 평직원은 8,640만 원이 지급되었다. 그것도 회사 사장의 연봉이 아니라 임원의 평균연봉을 말하는 것이다. 우리나라 농촌에서는 상상할 수도 없는 금액이지만 기업의 핵심 인물과 보통 직원들이 어떻게 대우를 받고 있는지 명확하게 보여 주는 결과라고 생각한다. 연봉 차이뿐만 아니라 임원이 받을 것으로 생각되는 여러 가지 혜택까지 고려한다면 회사경영에 필요한 인재들이 얼마나 중요하고, 어떤 대우를 받고 있는지 알 수 있는 좋은 비교자료라고 생각한다.

마을공동사업도 농어촌의 새로운 사업이고 새로운 유형의 회사다. 수익사업이므로 결산을 통해 이익을 창출해야 하고, 또 시간이 지나면서 수익률이 높아져야 할 것이다. 동시에 마을에서 자의에 의해 사업을 중단하기 전에는 어떠한 어려움을 겪더라도 지속적으로 경쟁력을 유지하며 생존해야 한다. 기업경영의 전문가가 아니기 때문에 쉬운 일은 아니겠지만 마을사업이 시작되었다면 일단 오랫동안 살아 남아야 한다. 그리고 마을사업을 성공시키는 그 중심에는 능력 있는 지도자가 있어야 한다. 남다른 능력과 노력이 없이 저절로 마을사업이 잘 되는 경우는 없다.

마을사업을 성공적으로 운영하는 능력 있는 지도자에게는 지속적으로 사업을 운영하고 더 발전을 시키도록 여건을 마련해 주어야 한다. 단순한 봉사가 아니라 마을사업에 대한 주인의식을 갖고 자기 개인사업과 같은 애정을 갖도록 해야 한다. 즉, 일반기업의 사장에게 준하는 예우를 해 주어야 하고, 능력을 발휘할 수 있는 경영환경을 마련해 주어야 한다. 그렇지 않고서는 능력 있는 지도자는 일정 시간이 지나면 스스로 책임자의 자리를 떠나려고 할 것이다.

마을사업의 책임자 자리는 지도자를 양성하는 교육 과정이 아니다. 마을주민이면 누구나 마을사업의 대표가 될 수 있는 자격은 있지만 그렇다고 모든 사람에게 다 순환보직을 맡듯이 지도자의 기회가 주어진다면 마을사업이 성공하게 될 것이라는 보장이 없다. 마을사업 수익의 상당한 비율이 지도자의 신분보장을 위한 보수와 경비로 책정될 수 있는 환경이 조성되지 않고서는 마을사업이 지속적으로 운영되기란 쉽지 않을 것이다.

VI.

글을 마치면서

농촌에 대한 정부의 지원사업은 농민들이 스스로 수익사업을 할 수 있도록 사업의 종자자금을 지원하는 정책으로부터 시작해서 마을주거환경을 정비하여 농민들의 생활환경의 질적인 수준을 향상시키는 정주환경 정비사업에 이르기까지 다양한 형태가 있다. 물론 지원하는 방법이나 규모, 그리고 지원부서도 여러 곳으로 나누어져 광범위하게 추진되고 있지만 어떤 지원사업이라 할지라도 도농교류 증진을 통한 농촌경제 활성화가 이루어지지 않고서는 농촌지원정책의 궁극적인 목적을 달성하기 어렵다.

도농교류사업은 도시민이 농촌에서 체험을 하거나 농산물을 구매하고, 농촌에서는 마을소득을 증진시킴으로써 도시와 농촌이 함께 발전하는 상생운동으로 정의된다. 도농교류사업의 목적은 마을에서 생산되는 농산물을 도시와 직거래를 하거나, 도시민들의 농촌체험활동을 촉진시켜 농촌에서 새로운 산업을 활성화시키는 것이다. 실제 여러 마을에서 농촌체험 프로그램 운영을 중심으로 한 각종 도농교류사업으로 마을의 경제적인 활로를 찾는 데 성공한 사례가 많이 있다. 1사1촌운동이나 1교1촌운동 등도 도시와 농촌의 협력을 통해 농촌경제를 활성화시키는 사회운동의 일환이다.

마을단위로 지원되는 공동사업의 경우 주민들이 서로 합심하여 마을의 공동수익을 창출하고, 그 수익을 주민들이 공동분배하는 방식을 취하고 있다. 우리나라 농촌은 공동체 의식이 발달되어 있어 마을공동사업이 잘 이루어질 것으로 기대하였었다. 그러나 정부의 지원을 받고 있는 거의 대부분의 마을은 크고 작은 갈등문제에 직면해 있다. 마을의 갈등이 외부적으로 잘 알려지지 않고 있다 하더라도 각종 민원을 유발시키고, 심한 경우에는 감사원 감사와 고소 · 고발과 같은 법정투쟁으로까지 번지는 경우가 있다. 마을공동사업의 갈등은 결국 마을사업이 중단되는 원인이 되어 농촌의 사회문제로 발전될 수 있고, 그 결과 본래 목적하였던 마을사업의 성과는 기대하기 어렵게 된다.

농촌에서 겪고 있는 갈등은 공동사업에서 겪게 되는 가장 원초적인 현상이다. 수익사업에 익숙하지 못한 농민들은 농촌공동체에서 직면하고 있는 주민 간의 갈등현상을 이해하지 못할 뿐만 아니라 그 해법을 찾는데 큰 어려움을 겪고 있다. 특히, 주민들은 자신들과 마을의 이미지 관리를 위해서 갈등현상을 감추기에 급급한 실정이므로 갈등이 해소되기보다는 더 큰 갈등으로 발전되고 있다.

마을공동사업은 동업이다. 우리나라 사람들의 대부분은 동업하는 것 자체를 터부시한다. 동업을 하는 상대를 신뢰하지 못한 상태에서 수많은 갈등을 겪게 될 것이라고 생각하고 있다. 이는 근본적으로 회사운영에 대한 책임과 예상되는 수익분배에 대한 서로 다른 생각에서 기인한다. 그런데 마을공동사업은 엄연한 동업인 동시에 사업에 참여하는 사람들도 마을주민들이라서 서로의 의견을 조율하고 취합하는 것 자체가 쉽지 않다. 동업을 해서는 안 된다고 생각하면서도 동업 형태인 마을공동사업을 시작하는 것이 문제다. 동업을 위해 준비하고 훈련하는 기간이 짧은 반면 조급하게 성공시켜야 한다는 강박관념 때문에 갈등은 더 심화된다.

마을공동사업에서 유발되는 갈등은 필연적인 현상이다. 마을사업 중에 갈등이 있다는 사실은 부끄러워할 일도 아니고, 외부에 숨길 일은 더더욱 아니다. 마을사업을 추진하는 과정에서 겪게 되는 갈등은 꼭 부정적인 측면만 있는 것이 아니라 긍정적인 부분도 있다는 것을 인식해야 한다. 갈등이 없는 마을은 어떤 사업을 해야 할지를 모르고 있는 경우도 있고, 사업에 대한 의욕이 없어서 지도자의 리드에 수동적으로 참여만 하고 있는 마을일 수도 있다. 사업의 발전 가능성이 없으면 갈등도 없을 것이다. 마을사업이 잘 되기 때문에 서로 욕심을 내는 과정에서 갈등이 심화되는 경우가 많다. 역으로 보면 갈등은 마을사업이 잘 될 가능성이 있는 마을에서 볼 수 있는 현상이라고 주장할 수도 있다.

갈등은 마을사업이 유지되는 기간 동안 지속적으로 발생될 것이다. 갈등을 유발시키는 요인도 여러 가지일 뿐만 아니라 감기 바이러스의 변종같이 수많은 유형으로 변이되면서 문제를 야기시킨다. 결국 마을공동사업이 성공적으로 잘 되는 마을에서는 갈등을 피하려고 하는 것이 아니라 보다 적극적이고 긍정적으로 갈등유발 요인들을 차근차근 관리해 나가는 자세를 가지고 있다. 두더지잡기 놀이기구와 같이 끊임없이 돌출되는 갈등을 그때그때 상황에 맞게 해소해 나가는 훈련이 필요하다.

1980년대에 시작되었던 관광농원사업이 실패하였다고 평가되면서 1990년대에는 농촌관광사업의 지원정책이 도입되었다. 관광농원이 개인사업이라면 농촌관광사업은 마을단위의 공동사업이라 할 수 있다. 농촌마을에서 이루어지는 활동이 농업이라는 측면에서 농촌관광과 관광농업의 본질은 같다. 마을공동사업도 여러 가지 유형으로 다양한 기관에서 추진되고 있지만 그 결과가 만족스럽지 못해서 걱정이다. 그러나 도시민이 농촌을 찾는 추세는 증가할 것이므로 농촌체험을 중심으로 하는 도농교류사업은 지속적으로 발전할 것으로 기대하고 있다.

최근에는 커뮤니티 비즈니스라는 개념으로 새로운 지원사업이 시작되고 있다. 물론 커뮤니티 비즈니스 사업은 농촌체험사업에만 국한된 것은 아니다. 하지만 운영하는 방식에 있어서 마을 중심의 공동사업에서 소수의 지역주민 중심의 회사 형식의 지원방식으로 변화되고 있다고 볼 수 있다. 만일 농촌에서 커뮤니티 비즈니스를 계획한다면 이 사업 역시 공동사업에서 겪게 되는 갈등을 피할 수 없다.

어떠한 유형의 마을사업이라고 할지라도 개인사업을 제외한 모든 공동사업은 갈등을 피할 수 없다. 결국 동업의 형식을 취한 지원사업에서는 갈등의 본질을 이해해야 한다. 갈등을 피하고 숨기기보다는 보다 합리적인 관리방법을 찾는 자세가 요구된다. 공동사업을 시작하지 않거나, 마을공동사업이 망하지 않는 한 마을에서 겪게 되는 갈등은 영원히 사라지지 않는 현상이다.

마을공동사업에서 갈등의 책임은 대부분 사업 책임자인 이장이나 위원장의 잘못에서 찾으려고 한다. 사업의 책임자가 잘 운영하지 못해서 발생한 결과라는 뜻이다. 사업 책임자가 독선적이라든가, 자기 사업을 위해 이기적이라든가, 그리고 능력이 부족해서라든가 그 이유와 핑계는 무궁무진하게 많이 만들어진다. 물론 어느 조직이든지 책임자의 능력에 의해 갈등의 문제가 생길수도 있고, 또 발생된 갈등이 순조롭게 해소될 수도 있다. 그러나 공동사업의 갈등은 주민들이 사업에 대한 확신이 부족하거나 사업에 대한 주인의식이 부족한 경우에 더 많이 발생한다.

어떠한 사업이라도 성공을 하기 위해서는 사업에 참여하는 사람들이 사업의 취지나 목적을 분명하게 이해해야 한다. 그리고 구성원들이 사업의 내용을 잘 파악하고 자신의 사업이라는 주인의식을 가지고 열정적으로 참여해야 한다. 그런데 마을공동사업의 경우 대부분 급하게 준비되고 지도자를 비롯한 소수의 주민에 의해 사업계획이 수립되는 경우가 많다. 내용이나 운영방법이 익숙하지 않은 주민들과 함께 사업을 추진하는 과정에서 주민들은 지도자의 의도를 충분히 파악할 수 없다. 그리고 그리고 주민들의 의견을 조율하는 마을회의에서 사사건건 엉뚱한 주장을 되풀이하는 경우가 많다.

마을사업 중 주민들의 의견충돌에 의해 갈등이 유발되고, 마을사업은 정체되거나 파국을 맞게 된다. 마을주민들의 사업에 대한 이해를 높이고, 공동사업에서 각자의 역할을 효율적으로 수행하게 하기 위해서는 교육이 중요하다. 마을사업 중의 갈등을 근원적으로 관리하기 위해서는 지도자나 마을주민 모두 새로운 사업에 대한 철저한 교육이 필요하다.

후기산업사회의 관광 및 여가활동은 대중적인 단체관광에서 가족이나 친지들끼리 소규모로 움직이는 개별관광시대로 변화하고 있다. 대중교통을 이용해서 단체로 여러 곳을 다니는 관광보다는 친한 사람들끼리 자가용을 이용해서 많이 알려지지 않은 곳에서 편하고 안전하게 쉬었다 오는 휴양형 관광을 선호하는 경향이 있다. 자연환경이 양호하고 향토문화가 풍부한 농촌, 어촌 그리고 산촌 등과 같이 지금까지 세간의 관심이 크지 않았던 곳이 새로운 체험관광지로 각광을 받고 있다. 후기산업사회에서 볼 수 있는 관광여가인식의 변화라고 볼 수 있다.

농촌체험 관련 사업은 농촌에서 할 수 있는 21세기의 새로운 사업분야가 될 것이다. 처음에는 가족 중심이나 유치원과 초등학교 저학년을 중심으로 시작되었던 농촌체험활동이 이제는 정규교육 과정인 소풍 장소로 활용되고 있다. 최근에는 수학여행지로 농촌을 방문하는 학생들이 증가하고 있는 것도 놀라운 여가환경의 변화이다. 서울시 교육청의 방침에서도 수학여행지의 선정방법을 소규모로 특별한 주제가 있는 테마수학여행을 권장하고 있다. 이것은 실고객인 우리나라 국민들의 농촌체험에 대한 선호도가 더 높아질 것을 의미한다. 농촌체험사업의 규모나 성격에 따라 차이는 있지만 연간 수천 명에서 수만 명, 그리고 수십만 명의 체험객을 수용하는 곳이 있다는 것은 농촌관광에 대한 시대적인 요구가 점진적으로 증가하고 있는 실증적인 결과라고 본다.

마을공동사업에서 봉사를 하면서 고생을 하는 사람이 있는 반면, 형식적으로 참석하는 척할 뿐이지 다른 사람들의 노력의 대가를 불로소득으로 챙기려는 사람들도 있다. 결국 참여자와 비참여자, 혹은 적극적 참여자와 소극적 참여자 사이에 갈등이 생길 수밖에 없다. 마을공동사업은 자신의 일과 같이 솔선수범해야 한다. 앞으로는 책임과 의무는 거의 지지 않고 소득만 얻으려는 사업구조에서 모든 사람이 적극적으로 나서는 운영구조로 바꿔야 한다.

마을공동사업의 새로운 개념은 "마을주민들이 합심하여 농촌마을로 많은 사람들이 방문하게 하는 사업이며, 수익은 마을방문객을 대상으로 주민이 개별적인 노력으로 얻어지게 하는 사업이다"라고 정의되는 것이 바람직하다. 공동사업에 관심이 있는 사람들이 모두 열심히 참여할 수 있는 운영방법이 마을갈등을 최소화하는 구조적인 방법이다. 한 마을에 여러 체험사업이 함께 운영될 수도 있는 구조가 바람직하다. 마을책임자인 이장도 마을사업을 하면서 동시에 개인체험 관련 사업체를 운영하면서 개인수익을 올릴 수 있는 구조가 책임과 분배방법에 의한 마을갈등을 근원적으로 해소할 수 있을 것이다.

마을공동사업에서 발생하는 갈등은 유발원인도 많지만 유형도 가지가지이다. 변종이 많아 처방되는 감기약의 조합이 그때그때 다른 것과 같이 외형적으로는 비슷한 유형의 갈등이지만 시시때때로 진화하는 갈등에 대한 해소방법도 다양해질 수밖에 없다. 초창기의 갈등은 주민들이 마을사업을 이해하지 못해서 발생하는 경우가 많다. 시간이 지나면서 개인적인 감정이나 사업이익에 대한 욕심, 그리고 명예욕 등에 의해서 갈등발생의 유형이 변하게 된다. 마을사업을 준비하는 단계에서부터 발생하기도 하지만, 본격적인 갈등은 2~3년이 지난 후 마을사업에 탄력이 붙기 시작하면서 심화되기도 한다. 체험객이 증가하면서 마을수익이 늘어나면 공동사업에 관심이 없었던 사람들도 점점 사업에 대해 욕심이 생기기 시작하기 때문이다.

아무리 갈등이 심해진다고 해도 농촌체험관광의 비전은 밝다. 농촌체험관광은 농업이나 농촌문화를 단순히 체험하는 것에 한정되어 있지 않고 농업생산물 판매도 촉진시킨다. 종합적으로는 도농교류사업의 활성화로 표현될 수 있는데, 농촌체험객들은 자신의 체험활동을 통해 마을에서 생산되는 농산물을 신뢰하고 절기에 따라 현지에서 직접 구매하는 경향이 증가하고 있다. 마을공동사업을 통해 상품을 개발하고, 마을 홈페이지를 통한 농산물 직거래 판매망이 활성화되면서 농촌의 소득이 점진적으로 증가하고 있다. 농촌체험사업 운영만으로 연간 30여억 원의 매출을 올리는 농가가 있다. 농촌체험사업, 즉 도농교류사업이 농촌의 중소기업 형식으로 발전할 수 있는 가능성을 보여 주는 것이다.

미래 농촌체험사업의 발전 가능성에 대한 확신을 가져야 한다. 마을공동사업을 추진하면서 예기치 못한 갈등에 직면하게 되더라도 마을에서 추진하고 있는 사업의 미래가 밝다면, 그리고 도농교류사업의 미래에 대해 확신이 있다면 마을사업 자체를 쉽게 포기하지 않을 것이다. 아무리 복잡하고 해소하기 어려운 갈등이라도 갈등이 해소될 때 얻을 수 있는 농촌과 농업에 대한 희망을 생각한다면 마을주민들이 모두 나서서 즐거운 마음으로 갈등관리에 매진할 것이다.

마을공동사업의 이해와 **갈등관리**

2011년 5월 2일 초판1쇄 인쇄
2011년 5월 9일 초판1쇄 발행

저 자 김용근
발행인 노현철
발행처 도서출판 해남
서울특별시 서대문구 충정로 3가 227-1 우리타워 6F
전화 739-4822 팩스 720-4823
e-mail haenam30@dreamwiz.com
homepage www.hpub.co.kr
등록 1995. 5. 10 제 1-1885호

저자와
협의하에
인지 생략

정 가 13,000원

ISBN 978-89-6238-028-6 13520